L'ATOME

DO**MI**NOS

Collection dirigée par Michel Serres
et Nayla Farouki

JEAN-PAUL AUFFRAY

L'ATOME

Un exposé pour comprendre
Un essai pour réfléchir

DOMINOS
Flammarion

Jean-Paul Auffray. Après des études supérieures à l'université Columbia de New York, Jean-Paul Auffray a mené des recherches en physique théorique, portant notamment sur l'atome, au prestigieux Courant Institute of Mathematical Sciences, fondé à New York par les mathématiciens de l'université de Göttingen émigrés aux États-Unis lors de la Seconde Guerre mondiale. Il défend l'idée que les données de la science sont plus accessibles si on les aborde dans le contexte de leur développement historique, qui passe par bien des détours souvent instructifs.

Venant après *L'Espace-temps*, livre d'histoire et de science publié en 1996 (Flammarion, coll. « Dominos »), *L'Atome* est son second livre écrit pour le grand public.

ISBN : 2-08-035522-8
Imprimé en France

Sommaire

La première fois qu'apparaît un mot relevant d'un vocabulaire spécialisé, explicité dans le glossaire, il est suivi d'un *

Pour Jeannette,
ce livre qu'elle ne lira pas,
mais dont elle aura été l'âme.

Avant-propos

Toutes les choses, dit Démocrite,
sont constituées d'atomes rudes ou lisses,
crochus ou recourbés,
et du vide qui se trouve entre eux.
CICÉRON, *Premiers Académiques.*

Mythe ou réalité ? L'atome, en l'espace de vingt-cinq siècles, a été imaginé, analysé, décrit, exploré, explosé, puis creusé, immobilisé, accéléré, dépouillé, combiné… et finalement banalisé.

Au fil des pages de ce livre, tout en étant aussi vrai que possible, nous nous efforcerons de restituer à l'atome un peu du mystère et de la poésie qui lui sont propres. L'atome s'y prête. Car il est mystérieux comme la pyramide de Kheops, suspendu comme les jardins de Babylone, creux comme le colosse de Rhodes, insolite comme le tombeau de Mausole, dominateur comme la statue chryséléphantine de Zeus olympien, froid comme le temple d'Artémis à

Éphèse, voyant comme le phare d'Alexandrie. En un mot, l'atome est l'une et toutes les merveilles du monde.

Dans la première partie de l'ouvrage, nous apprendrons d'abord à connaître ces étonnants Abdéritains, contemporains de Platon et de Socrate, familiers du roi de Perse, qui, au ve siècle avant notre ère, inventent le néant, imaginent des « entités insécables » douées de rythme, et forgent le mot « atome ».

Nous verrons ensuite comment, dans le sillage de Gassendi, de Lavoisier et de Dalton, les chimistes ont progressivement pris conscience de l'existence de l'atome, dans le sens où nous entendons ce mot aujourd'hui. Puis nous étudierons le rôle joué par la découverte de la structure granuleuse de l'électricité avant de nous intéresser à l'« atome des physiciens », fleuron de la physique contemporaine.

Dans la seconde partie, nous tenterons d'entrouvrir une perspective nouvelle de la physique d'aujourd'hui, en espérant qu'à l'exemple des « maîtres de vérité » de la Grèce antique, nous trouverons sur notre chemin le devin, l'aède ou le roi de justice pour nous apprendre « ce qui a été, ce qui est, ce qui sera ».

« L'inspiration du poète ».
D'où nous viennent les idées qui nous viennent ?
Peinture de Nicolas Poussin (1594-1665).
Musée du Louvre, Paris.
Ph. © RMN.

Abc de l'atome

Atomos idea

Tout cela s'est fait tout seul.
JEAN COCTEAU.

Tout a commencé, il y a vingt-cinq siècles, dans une petite ville, quelque part sur les bords de la mer divine…

Sur les bords de la mer Égée

Au ve siècle avant notre ère, la Grèce antique s'étend de l'Italie et la Sicile – Syracuse, patrie d'Archimède ! – jusqu'aux abords des colonnes d'Hercule, et sur le pourtour de la mer Égée, depuis les Cyclades, au sud d'Athènes, jusqu'à l'île de Rhodes, en Dodécanèse, où va bientôt s'élever la statue d'Hélios, dieu du Soleil et de la Lumière, l'une des Sept Merveilles du monde.

La Grèce n'est pas, à cette époque, loin s'en faut, la société idéale que nous imaginons de nos jours.

Quelques familles nanties, assistées d'esclaves, s'y partagent les privilèges. A leurs fils sont réservés les loisirs, la possibilité de voyager, d'étudier, de s'amuser. C'est pourtant là, à Athènes, que le miracle s'est produit : quelques hommes – Périclès, Pindare, Aristophane et les autres – ont allumé une bougie dont la flamme danse encore dans nos yeux aujourd'hui.

Tout n'est pas arrivé d'un seul coup, et tout ne s'est pas produit seulement à Athènes. A Élée, à l'extrémité de la botte italienne, Parménide fonde l'ontologie, ancrée dans ce principe : « L'être est un, continu et éternel. » Et à Abdère, petite ville qui a la réputation d'être habitée par… des sots (plus précisément, par des moutons), en Thrace, territoire contrôlé par le roi de Perse, Leucippe et Démocrite s'apprêtent à faire parler d'eux.

De Leucippe nous ne savons pratiquement rien. A-t-il seulement existé ? De Démocrite, nous ne savons rien de sûr. Apparemment, jeune, il voyage, visite l'Inde, l'Égypte, la Perse et Babylone où il rencontre les prêtres et les mages de Mésopotamie qui lui enseignent leur art. Il arrive enfin à Athènes, où, avoue-t-il, il ne connaît personne et personne ne le connaît. Cela va vite changer.

Au moment où Démocrite entre en scène (j'entends sur la scène de l'Histoire), Parménide a formulé sa doctrine, mentionnée plus haut, dont l'essentiel tient en ceci : l'être est un. Si le vide était, l'« étant » pourrait se déplacer vers le vide. Mais le vide n'est pas ; l'étant n'a donc pas de lieu où aller. Le mouvement est de ce fait une illusion de nos sens, une impossibilité.

Démocrite reprend la question, mais en sens inverse. Le mouvement est : il faut donc qu'il y ait un lieu dans lequel ce mouvement puisse s'effectuer. Ce lieu, c'est le vide. Il proclame donc que le vide – le néant – existe au même titre que l'être. C'est là la grande invention. Par son audace, sa nouveauté, elle égale et dépasse même celle de plusieurs notions fondamentales de l'histoire de la pensée humaine.

Or ce n'est pas tout. Si le vide existe, il est un « non-être en un sens existant ». Son existence implique une « pluralité d'étants ». L'être est donc une multiplicité.

Les entités insécables

Venons-en au deuxième volet de la théorie. Démocrite pose la question : si l'être est une multiplicité, en quoi consiste cette multiplicité ? Selon lui, l'unité fondamentale de cette multiplicité est l'*atomos idea*. C'est l'expression clé de la théorie, celle que nous traduisons habituellement – à tort, nous allons le voir – par notre mot « atome » : nous avons en effet transformé en substantif ce qui, pour les anciens Grecs, était un adjectif.

L'adjectif *tomos* signifie « segmenté » (ainsi, un ouvrage en plusieurs tomes). Précédé de l'« alpha privatif », il devient *atomos*, désignant ce qui ne peut être segmenté ou partagé, ce qui est insécable. Par contraste, dérivé du verbe *idein*, qui signifie « voir », le substantif *idea* désigne ce que nous voyons, une forme, une entité – ce qui a une existence séparée, distincte de celle des autres.

En simplifiant un peu, nous trouvons le mot « Idée » pour la première fois chez Anaxagore de Clazomènes (v. 500-v. 428 av. J.-C.). Mais que signifie ce terme ? Pour Anaxagore, il existe un conglomérat de qualités enfermées dans des particules infiniment petites, les Idées. Tout objet de la nature contient toutes les Idées possibles en proportions variables. L'or par exemple est principalement de l'or mais contient également de petites portions de toutes les autres substances. En un mot, « en toute chose il y a une parcelle de toute chose » – ce qui constitue ce que l'on pourrait appeler une philosophie existentielle (en son temps, Jean-Paul Sartre dira : « Tout homme est tout l'homme »).

Platon, paraît-il, voulait faire brûler les livres de Démocrite, dont il méprisait les idées. Il ne s'agit pas là d'un simple jeu de mots. Disciple de Socrate, Platon veut faire une synthèse entre l'ordre moral (celui de l'homme) et l'ordre physique (celui de la nature). Il postule donc, lui aussi, un monde des Idées. Mais ce monde se construit dans un domaine transcendant, qui se situe au-delà de la nature empirique. Il contient « la totalité des objets que nous pouvons concevoir d'une manière parfaite » : les objets naturels (les Idées de Démocrite) mais aussi les valeurs – le courage, le bien..., l'homme lui-même. L'âme humaine aspire à réintégrer ce monde « qu'elle connaissait avant de se retrouver liée à la matière ».

Pour Démocrite, l'Idée est un corps visible pour l'intellect et structuré, bien qu'insécable. Pourquoi insécable ? Selon lui, pour deux raisons. L'une, prosaïque : les Idées sont trop dures pour pouvoir être sectionnées par les moyens dont nous disposons. L'autre, fondamentale : les Idées sont insécables en raison de leur rythme, élément constitutif à caractère primordial. Qu'est-ce à dire ?

Selon Aristote, qui, dans sa doxographie*, décrit les opinions de ses contemporains, les attributs des Idées sont au nombre de trois : *schéma* (forme), *taxis* (ordre) et *thésis* (position). Il donne un exemple de ce qu'il faut entendre par là : « A se distingue de N par la forme, AN de NA par l'ordre, et N de Z par la position. »

Dans cet énoncé Aristote se paye le luxe d'une petite trahison de la pensée des Abdéritains. Il emploie en effet le mot « schéma » là où Démocrite emploie le mot « rythme ». Or « schéma » est un terme statique qui désigne une forme géométrique, une figure. « Rythme », par contraste, a une connotation dynamique. Il semble bien que Démocrite ait utilisé ce mot volontairement pour suggérer la notion selon laquelle les Idées insécables sont intrinsèquement animées de mouvement. Cette notion constitue le troisième volet de sa théorie. Tout aussi imaginative que les précédentes, elle implique que le mouvement est un attribut irréductible des Idées – aussi fondamental que leur qualité d'« étant » : si l'Idée insécable possède intrinsèquement du mouvement, il est inutile de chercher à expliquer le mouvement (tout comme il est inutile de chercher à préciser l'origine de l'« être »). Nous voici au cœur de la théorie.

Mais pourquoi s'intéresser aujourd'hui à tout cela, direz-vous ? N'est-ce pas dépassé, oublié, caduc ? Bien au contraire ! Cette théorie audacieuse – il aura fallu vingt-cinq siècles pour l'accepter pleinement – est l'âme de notre physique d'aujourd'hui, comme nous le constaterons plus amplement au fil des pages de ce livre.

Les grands esprits, d'ailleurs, ne s'y sont pas trompés. Certes, Platon, qui a tout dit sur Socrate, n'a rien écrit sur Démocrite. Mais Épicure puis Lucrèce firent des Idées de Démocrite leur cheval de bataille. Et, plus près de nous, le jeune Karl Marx fit de « la différence de la philosophie de la nature chez Démocrite et Épicure » le sujet de sa thèse de doctorat.

Avant d'en finir ici, provisoirement, avec Démocrite, notons que, grand métaphysicien, il fut aussi un grand sage. Dans son ouvrage *Panarion ou la Boîte à drogues* (374), rédigé au IVe siècle de notre ère, saint Épiphane de Salamine rapporte : « Démocrite d'Abdère, fils de Damasippe, affirmait que l'univers est infini et qu'il flotte dans le vide. » Il ajoute : « Il soutenait encore qu'un seul et unique but doit être poursuivi avant tout : c'est la joie de l'âme. Les lois sont une mauvaise invention, disait-il ; le sage ne doit pas se soumettre aux lois, mais vivre librement. »

L'atome des chimistes

Parmi les corps il y a les composés,
et ceux dont les composés sont faits.
ÉPICURE, *Lettre à Hérodote.*

Si l'*atomos idea* – l'Idée insécable – est l'invention magique des Abdéritains, l'« atome des chimistes » – le nôtre aujourd'hui – est né dans la ville ionique de Milet, en Anatolie occidentale. Là, en effet, au VIe siècle avant notre ère, Thalès, Anaximandre et Anaximène fondent la théorie de la substance des corps.

Tous trois admettent l'existence d'une substance primordiale, à la base de tout. Cette « réalité première », cet *arché*, c'est l'eau pour Thalès, l'air pour Anaximène, une substance indéterminée, l'*apéiron*, pour Anaximandre. Notons pour la suite de notre histoire que, au même moment, sur son île natale de Samos, Pythagore offre une autre solution : pour lui et ses disciples, le principe fondamental, l'*arché*, c'est le nombre. Cette conception suscitera des échos dans la théorie moderne de l'atome comme nous le verrons un peu plus loin.

A Agrigente, au ve siècle avant notre ère, Empédocle formule sa théorie des « quatre racines » (auxquelles il donne le nom de dieux : Zeus-eau, Héra-terre, Aidoneus-air et Nestis-feu). En se combinant en proportions diverses, sous la férule de Polemos (la Haine) et d'Éros (l'Amour), ces racines constituent tous les corps. Elles sont elles-mêmes constituées de petites particules, insécables et éternelles comme les Idées de Démocrite, mais séparées l'une de l'autre par des pores (et non par le vide). Elles ne sont donc pas tout à fait les Idées de Démocrite.

Platon invente la chimie théorique

Platon a forgé une cosmogonie* originale que l'on peut regarder comme la première tentative de formulation d'une « chimie théorique » apte à rendre compte de la diversité des substances présentes dans la nature. Incidemment, le mot « chimie » est probablement d'origine égyptienne. La fameuse inscription de Rosette donne en effet à l'Égypte le nom de *chmi*. La chimie serait la science de *chmi* ou de la Terre noire – la science sainte, divine, secrète de l'Égypte… La cosmogonie de Platon n'est pas celle de Démocrite et ne sera pas celle d'Aristote, élève de Platon, qui se démarquera de lui. Pour Platon, il y a les Idées (qui ne sont pas celles de Démocrite), les Nombres (qui sont ceux de Pythagore) et les quatre éléments (qui sont ceux d'Empédocle), qu'un démiurge, occupé à façonner le monde (qu'il n'a pas créé), cherche à utiliser pour en tirer « le meilleur des mondes ».

A chacun des quatre éléments primordiaux, Platon fait correspondre un polyèdre régulier : le tétraèdre (quatre faces) pour le feu, le cube (six faces) pour la terre, l'octaèdre (huit faces) pour l'air et l'icosaèdre (vingt faces) pour l'eau. « Le Démiurge prit d'abord, pour former l'univers, du feu (des tétraèdres) et de la terre (des cubes). » Puis, pour parachever son œuvre, il utilisa le cinquième polyèdre régulier, le dodécaèdre : « Le démiurge s'en est servi pour achever le dessin de l'univers. »

Platon a poussé très loin sa géométrisation de la constitution de l'univers. Il note en effet que « toute surface de formation rectiligne est composée de triangles » et que « tout triangle dérive de deux triangles, dont chacun a un angle droit et les deux autres aigus » (*cf.* figure page 20). Il imagine donc deux triangles « principes » à partir desquels les polyèdres réguliers peuvent être construits. Bref, il trouve « sous l'atome les particules ».

Cette étonnante théorie, brièvement esquissée ici, permet de faire des « prédictions » : ainsi la terre, dont les atomes sont des cubes (constructibles à partir de triangles de type α), se distingue des trois autres éléments dont les atomes sont faits de triangles de type β. Par ailleurs cette théorie rend la transmutation envisageable : un atome d'eau à vingt faces peut, par exemple, se scinder en deux octaèdres d'air (à huit faces chacun) plus un tétraèdre de feu (à quatre faces).

Naïve, cette théorie ? Pas autant qu'elle en a l'air. En 1874, le Français Achille Le Bel (1847-1930) et le Hollandais Jacobus van't Hoff (1852-1911), qui devait devenir le premier lauréat du prix Nobel de chimie (en 1901), représenteront l'atome de carbone sous la forme… d'un tétraèdre régulier, afin de schématiser l'aptitude de cet atome à se lier à quatre atomes monovalents, comme dans la molécule de méthane (CH_4).

Après son séjour à l'Académie de Platon, Aristote fonde sa propre école, le Lycée, abandonne la théorie platonicienne des atomes à figures géométriques et reprend la théorie d'Empédocle en lui apportant une importante modification : il baptise « éléments » les racines d'Empédocle et introduit la notion selon laquelle ces éléments s'opposent par des qualités fondamentales contraires, les unes actives, les autres passives : le chaud, le froid, le sec et l'humide. Ainsi, « le feu est chaud et sec ; l'air (qui est une vapeur) est chaud et humide ; l'eau est froide et humide ; la terre est froide et sèche ».

Tout objet sur la Terre – dans le monde « sublunaire » – est sujet au changement : les corps se composent et se décomposent. Ce qui se trouve dans le Ciel, par contraste, paraît demeurer éternellement identique à soi-même. Autre différence entre Ciel et Terre : le mouvement naturel des corps est rectiligne sur la Terre, circulaire dans le Ciel. Il apparaît ainsi que le Ciel, comme tous les astres qu'il contient, est fait d'une substance différente de celle présente dans le monde sublunaire – d'un cinquième élément, la

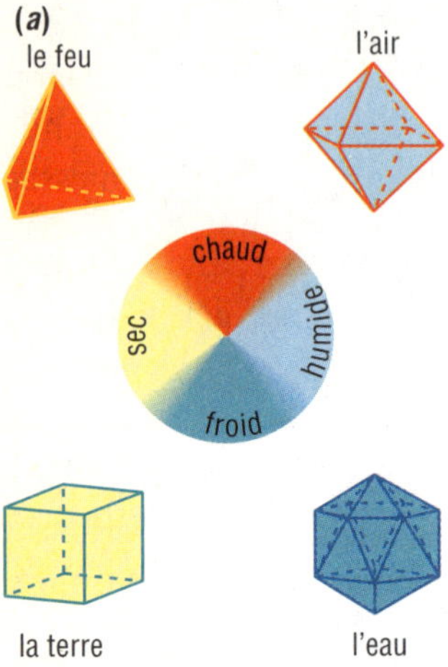

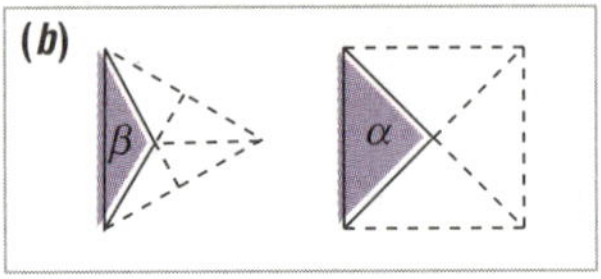

(a) Les éléments d'Empédocle, les qualités d'Aristote et les atomes de Platon.
(b) Véritables « particules élémentaires », les triangles de Platon permettent la construction des polyèdres dont les atomes sont faits.

Constituants de la matière.

Première esquisse d'une théorie (Ve siècle avant notre ère).

« quinte » essence, matière subtile, éternelle et « incorruptible », que saint Thomas d'Aquin, à la suite d'Aristote, appellera l'éther.

Gassendi : les atomes sont partout !

Sautons les siècles. Né à Champtercier, près de Digne, en Haute-Provence, Pierre Gassend, dit Gassendi (1592-1655), est, dès l'enfance, marqué du sceau du génie. Jeune, il apprend par cœur six mille vers latins et en récite chaque jour trois cents pour fortifier sa mémoire. Après la mort de Richelieu, en 1642, il cède aux injonctions de ses supérieurs et gagne Paris pour y enseigner les mathématiques au

Collège royal, le futur Collège de France. Ami de Galilée et contemporain de Descartes, il se donne pour mission de remplacer la physique d'Aristote, qu'il juge désuète, par une nouvelle physique fondée sur une fusion de l'Idée abdéritaine avec le message biblique. Il affirme que les atomes, qui, pour Démocrite, sont non créés, tiennent en réalité de Dieu leurs attributs.

Il postule avec enthousiasme l'existence d'atomes lumineux, d'atomes odorants, d'atomes sonores, d'atomes du chaud, d'atomes du froid… Leur forme détermine leurs propriétés sensibles : pointus, ils constituent les choses piquantes ; ronds, les choses fluides, etc. En un mot, les atomes sont partout, « ils sont les vrais "principes" sur lesquels est bâti le monde ».

Ce n'est pas tout. Dans la foulée, Gassendi rejette la doctrine des quatre éléments d'Empédocle et des quatre qualités d'Aristote ; il postule, pour la remplacer, la formation intermédiaire d'associations d'atomes : « A partir des Atomes sont d'abord formées certaines molécules différentes entre elles, qui sont les semences des choses différentes. »

Molécules… Le mot est lancé. Enthousiasmés par cet enseignement, Ralph Cudworth et Walter Charleton s'en font l'écho en Angleterre. Robert Boyle (1627-1691), l'un des pères fondateurs de la Royal Society de Londres, leur prête oreille ; il adopte l'atomisme de Gassendi et émet l'opinion que le nombre des substances primordiales doit être plus grand que quatre. Il va jusqu'à suggérer que les éléments proverbiaux d'Empédocle sont en réalité... des substances composées. Composées, mais... de quoi ?

Secrètement le plus grand alchimiste de son temps, Isaac Newton (1642-1727) publie en 1704 son *Traité d'optique*, que Jean-Paul Marat (l'ami du peuple en personne !) traduit en français en 1787. Aux dernières pages de l'ouvrage, Newton se livre à des spéculations sur la nature de la composition des corps : « Tous les corps semblent composés de particules dures : sinon les fluides ne gèleraient pas, comme l'eau, les huiles, le vinaigre et l'esprit de vitriol le font par le froid, le mercure par les fumées de plomb, l'esprit de nitre et de mercure, en dissolvant le mercure et évaporant le Flegme. »

Quant à la lumière : « Même les rais [qui la composent] semblent être des corps durs ; car autrement ils ne conserveraient pas différentes propriétés dans leurs différents côtés. Et par conséquent la dureté peut être reconnue comme la propriété [caractéristique] de tous les corps composés. » Voilà le débat bien lancé. Restait à se mettre à faire de la chimie – de la vraie chimie, fondée sur l'expérimentation, l'observation et la mesure.

La voie royale de la chimie

Avant de périr sous le couperet de la guillotine, Antoine de Lavoisier (1743-1794) prouve que l'air est un mélange de deux gaz, qu'il baptise « oxygène » et « azote », et démontre la structure composée de l'eau.

Ni l'air ni l'eau ne sont des éléments ! La théorie des quatre racines d'Empédocle s'effondre. Lavoisier déclare : « Toute substance que nous n'avons encore pu décomposer par aucun moyen est pour nous un élément. » Il en définit trente-trois, dont la lumière (pourquoi pas ?).

En 1792, Jeremias Richter publie sa *Stoichiometry*. Dans beaucoup de réactions chimiques, note-t-il, on voit un composé AB, constitué de deux parties A et B, se combiner avec un composé A′B′, également constitué de deux parties A′ et B′, selon l'équation AB + A′B′ = AB′ + A′B. Il en conclut que les quantités A et A′ d'une part, B et B′ d'autre part, étant interchangeables, sont donc des « équivalents ».

Instituteur dans une école quaker à Manchester, John Dalton (1766-1844) fréquente à ses moments perdus un aveugle, John Gough, philosophe de la nature, qui lui enseigne le latin, le grec, le français, les mathématiques, l'astronomie et surtout… l'art de l'observation (Dalton lui-même voyait mais souffrait de… daltonisme !).

Dalton s'intéresse d'abord à la météorologie, puis aux mélanges gazeux, dans le but d'étudier l'absorption de l'eau par l'air. Il acquiert la conviction que les gaz sont des fluides élastiques constitués de petits corpuscules, ou atomes, qui s'attirent et se repoussent selon des lois de type newtonien, et arrive à la conclusion qu'il faut différencier les atomes des gaz par leurs poids. S'inspirant des travaux de Richter sur les «équivalents» dont nous venons de parler, et de ceux de Joseph Proust (1754-1826) qui les prolongent

(1802), il construit une table du poids relatif des éléments (par rapport au poids de l'atome d'hydrogène, qu'il considère arbitrairement comme égal à 1) fondée sur trois hypothèses révolutionnaires : les atomes sont les constituants ultimes indivisibles et indestructibles de la matière ; les atomes d'un même élément sont tous identiques ; les molécules des corps composés sont formées d'un assemblage d'un nombre défini d'atomes de leurs constituants.

1808. Dalton publie l'ensemble de ses découvertes dans son *New System of Chemical Philosophy*. Il y représente ses atomes par de petits cercles agrémentés de signes distinctifs. Ces symboles, qui évoquent ceux utilisés par les alchimistes, ont été remplacés depuis par ceux, plus commodes et que nous utilisons encore aujourd'hui, proposés par le Suédois Jöns Jacob Berzelius (1779-1848) : H pour l'hydrogène, C pour le carbone, O pour l'oxygène…

Dalton n'emploie nulle part dans ses explications le mot «molécule». Pour lui, tout est «atome» : il parle de l'atome d'eau, de l'atome d'ammoniac, etc. A propos du gaz carbonique par exemple, il justifie ainsi sa terminologie : «Maintenant, bien que cet atome puisse être divisé, il cesse alors d'être l'acide carbonique, étant décomposé en carbone et oxygène. Je ne vois donc aucune incohérence à parler des atomes composés.»

Aucune incohérence, certes, mais de la confusion que le mot « molécule » utilisé aujourd'hui évite. Les diagrammes par lesquels Dalton représente les molécules sont fondés sur sa conception de « poids

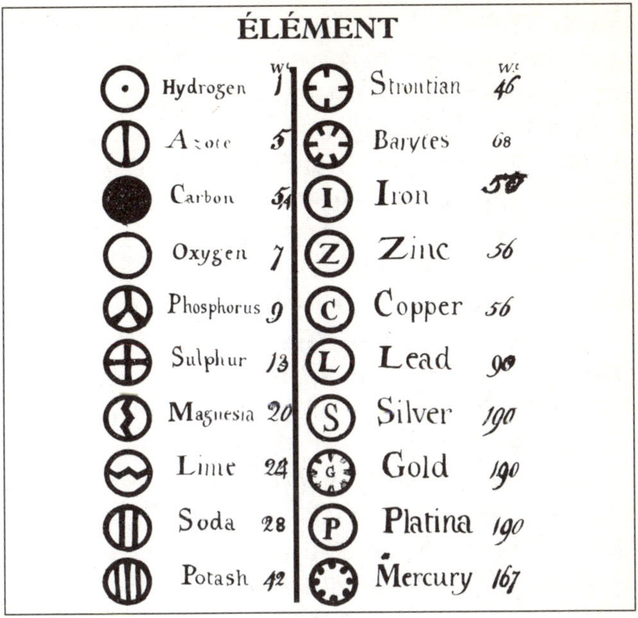

Les éléments d'après Dalton (1808).

équivalents ». Il écrit HO pour l'eau, HN pour l'ammoniac, etc. Dalton se trompe dans les détails mais, comme saint Jean Baptiste, il a ouvert la voie. D'autres allaient en tracer la suite. L'un d'eux, et non des moindres, fut Louis Gay-Lussac.

Gay-Lussac et Avogadro

Prolongeant les travaux de Lavoisier et de Dalton, Louis Gay-Lussac (1778-1850) établit avec précision en 1805 la composition d'un certain nombre de substances gazeuses. Il annonce que les éléments entrent dans la composition de ces substances dans des proportions ayant toujours entre elles des rapports simples.

Professeur de chimie à l'École polytechnique un demi-siècle plus tard, Jean-Baptiste Dumas (1800-1884) raconte ce qu'il advint ensuite : « Lorsque Gay-Lussac fit connaître sa belle loi sur les combinaisons de gaz [...], on devait s'attendre à la trouver adoptée et développée [par Dalton] car c'était une bonne fortune rare pour un inventeur. Eh bien ! pas du tout ! Dalton la repousse avec une sorte de dédain... "Si, dit-il, cette loi est vraie, c'est une traduction de la mienne. Vous nommez volume ce que j'appelle atome : voilà la seule différence." »

Les découvertes de Gay-Lussac cachaient cependant une difficulté qui allait diviser les chimistes pendant de longues années. « Les observations de Gay-Lussac, nous dit Dumas, [suggéraient] que les gaz renferment le même nombre d'atomes à volume égal. Il faut pourtant s'expliquer : car un volume de chlore et un volume d'hydrogène en font deux d'acide chlorhydrique... Par conséquent, il faut que l'atome du chlore et celui de l'hydrogène puissent se couper en deux, pour donner naissance aux deux atomes du gaz chlorhydrique. »

L'Italien Amedeo di Quaregna e Ceretto Avogadro (1776-1856), résout l'énigme en 1811 : la molécule d'hydrogène, explique-t-il, comme celle du chlore gazeux, est un assemblage de deux atomes. Lorsqu'on combine chlore et hydrogène gazeux, on a donc $H_2 + Cl_2 = 2HCl$, et non $H + Cl = HCl$. Et voilà pourquoi deux volumes d'acide chlorhydrique sont produits dans cette réaction. Notons que pour Avogadro, à l'encontre de Dalton, tout est une «molécule» – que celle-ci soit «intégrante» (pour nous un atome) ou «composée» (pour nous une molécule).

Chimistes en congrès

Le 3 septembre 1860, cent quarante chimistes éminents venus des quatre coins de l'Europe se réunissent en congrès à Karlsruhe – c'est le premier congrès international de l'histoire de la science. Leur objectif : tenter de concilier les points de vue divergents concernant l'atome (et les molécules !) qui opposent les chimistes entre eux. A la seconde séance plénière, le 4 septembre, le jeune chimiste August Kekule von Stradonitz (1829-1896), promoteur du congrès, met les choses au point : « Dans les réactions chimiques il existe une quantité qui y entre ou qui en sort en plus petite proportion et jamais dans une fraction de cette proportion. Ces quantités [...] sont les molécules définies chimiquement. Mais ces quantités ne sont pas indivisibles, les réactions chimiques parviennent à les couper et à les résoudre en particules absolument indivisibles. Ces particules sont les atomes. Les éléments eux-mêmes, lorsqu'ils sont libres, constituent des molécules formées d'atomes. Ainsi la molécule de chlore est formée de deux atomes. »

Avec cet exposé lucide (et prophétique), on pourrait croire le débat terminé. Il va pourtant durer encore plusieurs années. Le problème qui demeure est celui d'accepter ou non les deux hypothèses d'Avogadro selon lesquelles la molécule de nombreux gaz serait faite de deux atomes et le nombre des molécules dans un gaz serait toujours le même, à volume égal.

Charles Gerhardt (1816-1856) tire des hypothèses d'Avogadro une conséquence qu'il formule dans son *Précis de chimie organique*, en 1853 : il est possible de représenter la molécule de chaque substance par une formule qui exprime clairement « combien d'atomes de chaque sorte sont contenus dans la molécule ». La formule H_2O par exemple indique que la molécule d'eau contient deux atomes d'hydrogène et un atome d'oxygène – sans suggérer toutefois, notons-le, un arrangement géométrique particulier de ces trois atomes entre eux.

Structure moléculaire et valence

En 1853, le chimiste anglais Edward Frankland (1825-1899) s'aperçoit que certaines combinaisons d'atomes, les radicaux (mot forgé par Louis Guyton de Morveau, collaborateur et ami de Lavoisier), forment avec les métaux des composés dont les propriétés rappellent singulièrement celles de certains composés plus courants. Dans son livre *Les Atomes*, publié en 1913 et devenu un classique, Jean Perrin (1870-1942), futur prix Nobel (1926) et futur fondateur du palais de la Découverte (en 1937), explique : «Quand nous disons que le méthane CH_4 et le chlorure de méthyle CH_3Cl ont la même structure moléculaire, nous supposons que le “radical” CH_3 n’a pas été modifié par la chloruration et qu’il est lié à l’atome Cl [dans la molécule CH_3Cl] comme il l’était à l’atome H [dans la molécule CH_4]. On dira que le groupement CH_3 du chlorure de méthyle existe dans la molécule d’alcool méthylique qu’on écrira donc CH_3OH [plutôt que CH_4O]. »

Cette importante avancée ne résout pas tous les problèmes, cependant : « Nous n’avons rien supposé encore, en effet, sur les forces qui maintiennent assemblés les atomes d’une molécule. Il se pourrait que chaque atome de cette molécule fût lié à chacun des autres par une attraction variable suivant leur nature et décroissant rapidement avec la distance. » Mais Jean Perrin montre que cette hypothèse est intenable. « Si l’atome d’hydrogène est attiré par l’atome d’hydrogène, pourquoi, demande-t-il, la seule molécule construite avec des atomes d’hydrogène serait-elle H_2, en sorte que la capacité de combinaison de l’hydrogène avec lui-même est épuisée dès que deux atomes se trouvent unis ? » Il en conclut que « tout se passe [...] comme si de chaque atome d’hydrogène sortait une main, et une seule [et que] dès que cette main saisit une autre main, la capacité de combinaison de l’atome est épuisée ». La notion de valence* résulte directement de cette analyse. Elle consiste à admettre que dans une molécule « les atomes sont assemblés par des sortes de crochets ou de mains, chaque liaison unissant deux atomes seulement ».

Ce type de raisonnement, dont on admirera la subtilité, a permis aux chimistes d’élucider la formule de constitution des molécules. Jean Perrin nous donne l'exemple de l'acide acétique, dont la molécule est à la fois simple (elle contient seulement huit atomes) et compliquée : sa formule de constitution «rappelle immédiatement les rôles différents des atomes d'hydrogène (trois remplaçables par du chlore, et le quatrième par un métal), des atomes d'oxygène (le groupement OH étant chassé dans la formation du chlorure d'acide CH_3COCl), et des atomes de carbone eux-mêmes (l'action d'une base KOH sur un acétate CH_3CO_2K partage la molécule en méthane et carbonate)».

Bref, la formule de constitution nous fournit beaucoup plus d'informations que la simple «formule moléculaire» ; en nous permettant de visualiser le rôle que les atomes qui la composent sont aptes à jouer dans les réactions chimiques, elle a «un pouvoir de représentation immense en ce qui regarde les réactions possibles du composé».

Avec cette remarque, la représentation schématique des molécules prend sa forme définitive. Encore fallait-il préciser la notion de valence : «Si tous les atomes étaient monovalents [comme l'atome d'hydrogène], une molécule ne pourrait jamais contenir que deux atomes : il y a donc des atomes polyvalents.» Assurément ! Et l'un d'eux est l'atome de carbone.

Dans un grand nombre de ses composés, l'atome de carbone est lié chimiquement à quatre atomes, c'est-à-dire est tétravalent. Pour refléter ce fait, Le Bel le représente par un tétraèdre (la particule du feu de Platon !) aux quatre pointes duquel peuvent s'attacher

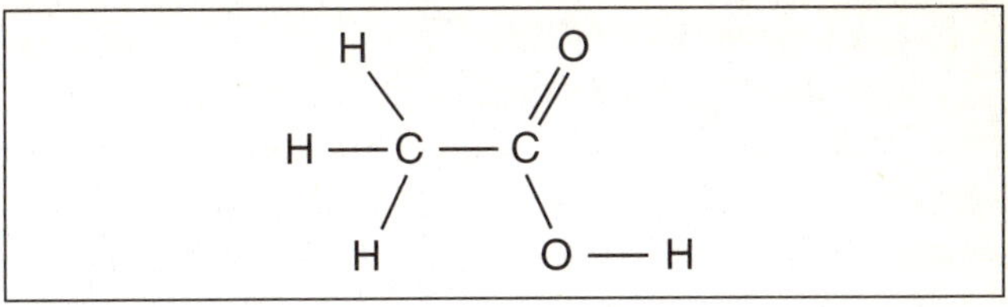

Formule de constitution de l'acide acétique. *Cette formule permet de visualiser l'arrangement géométrique des atomes dans la molécule.*

d'autres atomes. L'idée n'est pas aussi farfelue qu'elle en a l'air : Linus Pauling, deux fois prix Nobel (en 1954 et 1962), la reprend et l'améliore en 1963. Il montre comment attacher deux tétraèdres l'un à l'autre pour former des molécules dans lesquelles deux atomes de carbone sont liés l'un à l'autre par des liaisons simples, doubles ou triples (*cf.* diagramme p. 32). Nous représentons aujourd'hui ces trois types de liaison de façon plus simple au moyen des symboles

Comme chacun sait, l'atome de carbone entre dans la composition d'un nombre incalculable de molécules, dont certaines jouent un rôle déterminant dans les fonctions de la vie. Quelques-unes contiennent des « anneaux » dont certains sont parfois « contre nature ». Il en est ainsi dans la molécule dite du « cubane », de formule C_8H_8, dans laquelle huit atomes de carbone forment un cube. Cette molécule constitue un puissant explosif tant elle a de mal à soutenir le stress angulaire anormal (des angles de 90°) imposé aux atomes qui la composent.

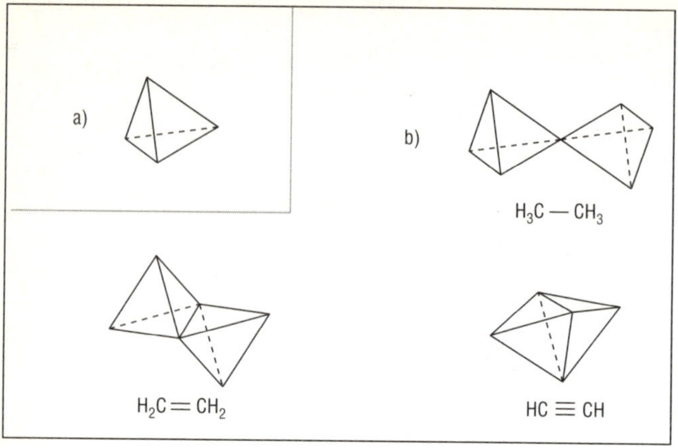

L'atome de carbone représenté.
L'atome de carbone est ici représenté seul (a), selon Le Bel, et en liaison chimique avec un autre atome de carbone (b), selon Pauling.

De l'électricité... dans l'atome

Fondamentale fut la contribution en 1887, à l'âge de vingt-cinq ans, du Suédois Svante Arrhenius (1859-1927), futur directeur de l'Institut Nobel de Stockholm, prix Nobel de chimie en 1903. Il se demande : lorsqu'on dissout un peu de sel de cuisine dans de l'eau, qu'advient-il des atomes de sodium (Na) et de chlore (Cl) qui entrent dans la composition de ce sel ? Tout se passe, observe Arrhenius, comme si – au moins quand la solution est très diluée – les molécules NaCl se brisaient en atomes Na et Cl et qu'« une solution diluée de sel marin ne renfermait réellement plus de sel, mais seulement du sodium et du chlore à l'état d'atomes libres ».

Atomes libres… Pas tout à fait. L'eau salée conduit le courant électrique. Pour rendre compte de ce fait, Arrhenius suppose que les atomes libérés lors de la dissolution du sel sont, non pas des atomes, mais des ions* chargés électriquement, l'un positivement (celui du sodium), l'autre négativement (celui du chlore).

La théorie des ions d'Arrhenius est devenue partie intégrante de la chimie avec la découverte que tous les atomes ou groupes monovalents d'atomes portent, quand ils deviennent libres sous forme d'ions, la même charge élémentaire *e*, positive ou négative. En s'appuyant sur des considérations de nature purement chimique, Arrhenius venait d'établir la présence dans l'atome d'« unités élémentaires d'électricité », d'« atomes d'électricité », découverte que les physiciens allaient bientôt confirmer.

Le pouvoir mystérieux de l'ambre jaune

Quoi de plus confondant pour l'esprit
que l'histoire de ce petit morceau d'ambre
manifestant si humblement une puissance
qui est dans toute la nature,
qui est peut-être toute la nature…
PAUL VALÉRY.

A Milet, en Anatolie occidentale, Thalès, l'un des Sept Sages de la Grèce antique, possède un savoir redoutable : il sait conférer à l'ambre jaune*, en le frottant, le pouvoir d'attirer les corps légers, tels que des fétus de paille. A la mort du sage (de vieillesse, lors des jeux Olympiques de 548 av. J.-C.), ce savoir passe à ses disciples en même temps que le nom à consonance redoutable de l'ambre jaune : *elektron*. Ce terme va faire le tour du monde.

Les siècles passent. Né à Colchester, en Essex, William Gilbert (1544-1603) s'établit à Londres comme médecin en 1573. Remarqué par la reine Élisabeth, il mène sous sa protection des recherches sur le pouvoir étrange de l'*elektron*. Vingt siècles après Thalès, il découvre que les pierres précieuses – le diamant, le saphir, l'améthyste, l'opale, le béryl – mais aussi le verre, le soufre ou encore la gomme laque et le sel gemme possèdent, eux aussi, ce pouvoir magique. Il s'interroge sur la nature de ce pouvoir. En attendant, il lui donne un nom : il l'appelle l'électricité.

Progressivement, mais sans qu'il soit possible aujourd'hui d'en dater précisément toutes les péripéties, l'idée s'établit dans l'esprit des philosophes qu'il existe dans la nature des « fluides » impondérables – la lumière, le calorique (la chaleur), le magnétisme... –, sièges de phénomènes mystérieux. L'électricité est l'un d'entre eux.

De Stephen Gray, mort à Londres en 1736, nous ignorons presque tout. Mais nous savons ce que nous lui devons. Le 2 juillet 1729, il étend une corde longue de quatre-vingts pieds sur des fils de soie tendus horizontalement ; puis il suspend une bille d'ivoire à l'un des bouts de la corde et un tube de verre à l'autre bout. Lorsqu'il frotte le tube pour l'électriser, la bille d'ivoire, à l'autre bout de la corde, s'électrise elle aussi : elle attire les corps légers à la manière de l'ambre jaune. L'électricité est donc transmissible.

Deux électricités !

Après la signature des traités d'Utrecht et de Rastadt en 1714, Charles François de Cisternay Du Fay

(1698-1739), alors âgé de seize ans, quitte l'armée – avec le grade de capitaine ! – pour s'adonner à l'étude de la science que lui enseigne son grand-père, féru de chimie. Un jour de 1733, son intérêt s'étant porté sur l'électricité, il frotte un tube de verre pour l'électriser et l'approche d'une feuille d'or : la feuille se soulève et reste suspendue dans l'air au-dessus du tube. Lorsqu'il approche d'elle un morceau de copal frotté, surprise ! la feuille se colle au copal sans qu'il soit facile de l'en détacher.

L'instant de cette découverte est l'un de ces précieux moments de l'histoire de la science où le génie d'un homme fait basculer d'un seul coup notre vision du monde. Pour rendre compte de ce qu'il vient d'observer, Du Fay annonce qu'il y a deux électricités opposées dans la nature. Il nomme l'une électricité « résineuse », l'autre électricité « vitrée ».

1739. Six ans après sa découverte, Du Fay, âgé de quarante et un ans, meurt à Paris de la petite vérole. Ses découvertes sont aussitôt oubliées. D'autant plus vite qu'entre-temps…

Benjamin Franklin (1706-1790) rencontre à Boston en 1746 le docteur Spence. Tout frais émoulu de son Écosse natale, il est encombré d'un fourbi de tubes de verre et autres instruments avec lesquels il démontre les phénomènes électriques qui passionnent les philosophes du continent (Voltaire est l'un d'entre eux). Franklin lui achète ses tubes, qu'il ramène à Philadelphie, où il tient boutique (un atelier d'imprimeur). En l'espace de sept années fructueuses, il se livre à une multitude d'expériences et proclame une théorie de l'électricité qui va faire autorité. Il affirme qu'il n'y a qu'un seul fluide électrique, contenu dans tous les corps en quantité égale. L'électrisation le fait passer d'un corps à un autre, qui en contient alors un excès, tandis que le premier corps en a un manque. On dira du second corps qu'il est électrisé positivement (il contient un excès du fluide électrique), du premier corps qu'il est électrisé négativement (il est en manque de fluide électrique).

La théorie de Franklin du fluide unique est aujourd'hui abandonnée, mais nous avons conservé les conventions qu'il avait créées pour désigner l'électricité – ce qui est regrettable, car un corps chargé positivement, façon Franklin, contient un excès d'électrons chargés... négativement, selon la conception moderne !

L'ambre jaune donne son nom à l'atome d'électricité résineuse

En 1858, Julius Plücker (1801-1868) fait passer une décharge électrique à travers un tube contenant un gaz à basse pression – un gaz « raréfié ». Il observe que la cathode* émet des rayons qui se déplacent en ligne droite, « marquent leur trajectoire par une faible luminosité du gaz résiduel et excitent de belles fluorescences sur les parois de verre où ils s'arrêtent ». Il constate, qui plus est, que ces rayons sont déviés de leur trajectoire lorsqu'il en approche un aimant.

A Londres, en 1879, sir William Crookes (1832-1919) répète en les améliorant les expériences de

Plücker. Il émet l'idée que les rayons cathodiques sont décrits par « des projectiles électrisés négativement, issus de la cathode et qui, repoussés par elle, ont acquis une vitesse énorme ».

En France, en 1895, Jean Perrin, dont nous avons déjà parlé, montre que les rayons cathodiques « introduisent avec eux de l'électricité négative dans une enceinte métallique complètement close » et que, de plus, un champ électrique dévie leur trajectoire – en un mot, qu'ils sont constitués par des corpuscules. L'année suivante, il fait une autre découverte : les rayons X produisent dans les gaz qu'ils traversent des ions mobiles qui se recombinent bientôt sur place « mais qui sous l'action d'un champ se meuvent en sens inverse le long des lignes de force, jusqu'à ce qu'ils soient arrêtés par un conducteur, qu'ils déchargent [...], ou par un isolant, qu'ils chargent ».

La structure granuleuse de l'électricité se précise. Restait à baptiser « électron* » l'atome d'électricité négative (résineuse), ce qui fut fait en 1891 par George Johnstone Stoney (1826-1911), l'un des pionniers de l'idée de charge électrique élémentaire.

Il est d'usage d'attribuer au physicien anglais Joseph John Thomson (1856-1940) la découverte de l'électron. En réalité, la contribution de sir Joseph concerne autre chose. Jean Perrin l'a fort bien expliqué : « Il résulte des très beaux travaux de sir Thomson que l'atome d'électricité, dont l'existence vient d'être établie, est un constituant essentiel de la matière. »

Sir Joseph découvrit en effet que (aux faibles vitesses) le rapport *e/m* de la charge à la masse de ce qu'il appelait les «corpuscules» électriques était le même quelle que fût l'origine des corpuscules. Il en tira cette conclusion : «Puisqu'on peut les produire aux dépens de n'importe quelle matière [...], ces éléments matériels forment un constituant universel commun à tous les atomes.» Ce à quoi Jean Perrin ajoute : «On ne peut considérer un corpuscule indépendamment de la charge négative qu'il transporte : il est inséparable de cette charge ; il est constitué par cette charge.» Restait à mesurer cette charge.

C'est ce que fit Robert Millikan en 1909. Au moyen d'un léger courant d'air, il amène une gouttelette d'huile chargée d'électricité au voisinage d'un trou d'aiguille percé dans l'armature supérieure d'un condensateur plan horizontal. Une fois la gouttelette placée entre les armatures du condensateur, il l'isole, l'illumine latéralement et la suit visuellement au moyen d'un viseur, au centre duquel elle lui apparaît comme « une étoile brillante sur un fond noir ». Par le truchement d'un champ électrique de l'ordre de quatre mille volts par centimètre, qui compense l'effet de la pesanteur sur la gouttelette, il la maintient dans son champ de vision, « la faisant remonter sous l'action du champ, la laissant redescendre en supprimant le champ, et ainsi de suite pendant plusieurs heures ». Comme la gouttelette reste identique à elle-même pendant la durée de l'expérience, sa vitesse de chute reprend toujours la même valeur constante v. De même, le mouvement d'ascension se fait avec une vitesse constante v', qui reste inchangée tant que la gouttelette porte la même charge e'. Mais Millikan constate que de temps à autre la vitesse d'ascension de la gouttelette change brusquement, prenant une autre valeur, v'', qu'il mesure soigneusement.

Pourquoi ces variations de la vitesse d'ascension ? Cette vitesse dépend du nombre de charges élémentaires que la gouttelette transporte. De temps en temps la gouttelette perd ou gagne une ou plusieurs charges. Quand cela se produit, la charge totale qu'elle transporte a passé de façon discontinue de la valeur e' à une autre valeur e''. Or, en mesurant les vitesses d'ascension, il est possible d'en déduire le rapport e'/e'' des charges transportées grâce à l'équation toute simple $e'/e'' = (v + v')/(v + v'')$ reliant charges et vitesses dans ces expériences.

Millikan obtint pour e'/e'' des nombres correspondant toujours à des entiers : 2, 4, 3, 2... à 1 % près environ, en rapport à l'acquisition ou à la perte par la gouttelette d'une, parfois de deux charges élémentaires. Jean Perrin constate : « Ces belles observations de Millikan ont donné de façon tout à fait rigoureuse et directe la démonstration de la structure atomique admise pour l'électricité [négative]. »

Et l'électricité vitreuse ? Nous verrons dans le chapitre suivant comme elle allait, à son tour, être « fourragée hors de sa cachette ».

Un électron suspendu dans le vide

1956. Hans Dehmelt arrive à l'université de Washington à Seattle avec une idée en tête : il veut, pour l'observer, isoler un électron. Il se procure une «boîte de Penning», à l'intérieur de laquelle sont fixées face à face deux plaques métalliques, fait le vide dans cette boîte, charge les plaques négativement et place l'ensemble dans le champ d'un aimant. Une pointe métallique chargée négativement, véritable « fontaine à électrons », injecte des électrons dans la boîte. Patiemment, en 1973, avec l'aide de deux assistants, Philip Ekstrom et David Wineland, Dehmelt permet aux électrons piégés de s'échapper un à un de la boîte... Sauf un, le dernier, qu'il maintient précieusement à l'intérieur du piège. Les trois hommes le garderont dix mois ainsi suspendu dans le vide, tournant indéfiniment dans le champ de l'aimant et manifestant sa présence par l'émission continue d'un signal fréquence radio. Ils parviendront même, quelques années plus tard, à piéger dans leur trappe un positron*, électron d'antimatière* ou électron «en train de remonter le temps».

Quatre grandes idées de la physique

Si ma vie est bien remplie,
c'est parce que je me rends compte
que je ne sais pas ce que je fais.
RICHARD FEYNMANN, interview pour *Omni*, 1979.

Nous nous intéresserons dans ce chapitre – en les séparant du reste pour en souligner l'importance – à quatre grandes idées de la physique qui vont se révéler essentielles à une bonne compréhension de la théorie moderne de l'atome, que nous aborderons ensuite. Curieusement, malgré leur importance fondamentale, ces idées ne sont pas toujours présentées avec la clarté qui leur convient dans nos traités de physique.

Qu'est-ce que le mouvement ?

En 1647, trois ans avant sa mort dans le château glacé de la reine Christine de Suède, alors âgée de dix-huit ans, René Descartes (1596-1650) publie la version française de ses *Principes de la philosophie*. Au chapitre XXXVI de la seconde partie, il écrit : «Puisque [Dieu] a mû en plusieurs façons différentes les parties de la matière, lorsqu'il les [a] créées, & qu'il les maintient toutes en la même façon & avec *les mêmes lois* qu'*il leur a fait observer* en leur création, il conserve incessamment en cette matière une égale quantité de mouvement» (les italiques sont de Descartes).

Ce que Descartes nous dit là est révolutionnaire et constitue selon moi l'une de ses plus belles contributions à la physique : il fait du mouvement l'égal de la matière – ce qui rejoint d'ailleurs la pensée de Démocrite, avec ses Idées insécables douées de rythme. Mais Descartes va plus loin : il explique comment calculer la «quantité de mouvement» transportée par un corps qui se déplace à la vitesse v. Chaque partie de ce corps se déplace en même temps que le corps à la vitesse v ; elle contribue donc au mouvement d'ensemble du corps par une quantité de mouvement égale à v. La quantité de mouvement totale transportée par le corps est donc égale à $v + v + v + \ldots = mv$, m représentant le nombre de parties contenues dans le corps – nous disons aujourd'hui sa masse. (Les traités de physique nous disent habituellement que la quantité de mouvement est égale «au produit de la masse par la vitesse» ; comment «multiplie-t-on» une masse par une vitesse ? Je préfère la définition opérationnelle de Descartes.)

Grand voyageur – comme Démocrite et Descartes –, philosophe, géomètre, brillant écrivain,

Pierre Louis Moreau de Maupertuis (1698-1759) formule le 15 avril 1744 devant les membres de l'Académie royale de Paris la proposition qui va immortaliser son nom : «Lorsqu'un corps est porté d'un point à un autre il faut pour cela une certaine action [...]. La quantité d'action est d'autant plus grande que la vitesse du corps est plus grande, et que le chemin qu'il parcourt est plus long ; elle est proportionnelle à la somme des espaces multipliés chacun par la vitesse avec laquelle le corps le parcourt.»

Somme des contributions de chacune des parties, l'action d'un corps qui parcourt la distance l à la vitesse v est donc égale à $vl + vl + vl + \ldots = mvl$, où m représente, comme précédemment, le nombre de parties contenues dans le corps (sa masse). Et comme mv est égal à la quantité de mouvement p transportée par le corps, façon Descartes (voir ci-dessus), l'action est donc égale à pl. Bref, elle est, mathématiquement parlant, égale au produit de la quantité de mouvement par la distance parcourue. Rien ne pourrait être plus simple.

Fort bien, me direz-vous. Mais à quoi bon tout cela ? Où nous entraînez-vous ? Encore quelques instants, et tout va se mettre en place. Examinons notre troisième grande idée.

A la recherche des lois de l'absolu

En 1889, Max Karl Ernst Ludwig Planck (1858-1947), natif de Kiel, en Holstein, est nommé professeur de physique à l'université de Berlin. Le 7 octobre 1900, un dimanche, il reçoit en visite son collègue et ami, le physicien Heinrich Rubens (1865-1922), professeur au Physikalisch Technische Reichsanstalt de Berlin, alors l'un des meilleurs laboratoires de physique expérimentale au monde. Après le départ de Rubens, Planck a une « illumination ». Il dit à son fils : « Je viens d'avoir une idée qui pourrait être aussi importante que celle de la gravitation de Newton. » Il transcrit l'idée sur une carte postale qu'il envoie à Rubens le soir même.

Le point de départ de cette idée est la « loi du rayonnement du corps noir » conjecturée en 1858 par le physicien écossais Balfour Stewart (1828-1887) et formulée plus précisément en 1860 par Gustav Kirchhoff (1824-1887). Planck l'a exprimée ainsi : « Dans une enceinte vide [un four] limitée par des parois entièrement réfléchissantes, il arrive un moment où la radiation contenue dans l'enceinte – avec toutes ses propriétés y compris sa distribution spectrale d'énergie – [dépend] seulement et exclusivement de la température. » Il se rendit compte que cette loi de la nature exprimait un «absolu» et, «ayant toujours considéré la recherche de l'absolu comme le but suprême de toute activité scientifique», il se mit ardemment à l'ouvrage.

Il communique ses premiers travaux à l'illustre physisien autrichien Ludwig Boltzmann (1844-1906), fondateur de la mécanique statistique, qu'il admirait profondément, les soumettant à son appréciation. Boltzmann lui répond qu'à son avis il ne parviendrait jamais à construire une théorie vraiment satisfaisante du rayonnement du corps noir sans introduire dans les processus du rayonnement un élément de discontinuité encore inconnu.

Planck introduit dans son calcul une certaine grandeur W et découvre que, pour l'interpréter ainsi qu'il convenait, «il était nécessaire d'introduire une constante universelle» qu'il appela *h*, ajoutant : « Comme cette constante avait les dimensions d'une action [...], je lui donnai le nom de quantum élémentaire d'action.»

Planck se demanda d'abord s'il ne rêvait pas : « Ou bien toute ma série de déductions n'était qu'un simple artifice de calcul [...]. Ou bien le quantum d'action représentait quelque chose d'insoupçonné jusqu'alors... destiné à révolutionner une pensée physique basée sur la notion de continuité elle-même. » Entrons dans les détails.

On pourrait croire *a priori* que l'action de Maupertuis est une grandeur continue, c'est-à-dire susceptible de prendre n'importe quelle valeur. Eh bien non, nous dit Planck ! Il existe une « plus petite quantité d'action possible », une unité, un quantum d'action. Certes, cette unité, ce quantum est très petit (à notre échelle ordinaire de grandeurs) et c'est pourquoi nous ne l'avons pas découvert plus tôt. Mais il existe, il est réalisé dans la nature : toute action est nécessairement un multiple entier de cette unité.

Une fois bien comprise, l'idée de Planck est vraiment simple : tout comme il existe une unité pour les nombres entiers (le nombre 1), il existe une unité pour l'action, le quantum élémentaire, *h*. L'action pour transporter un corps d'un point à un autre est égale à *kh* en général, *k* étant un nombre entier.

Comme nous le verrons plus en détail dans les chapitres suivants, cette notion est devenue l'«âme» de la physique contemporaine, celle que nous appelons aujourd'hui la physique quantique. Nous aurons l'occasion de revenir sur les rapports entre l'énergie et l'action dans la seconde partie de ce livre. Pour l'instant, contentons-nous de nous familiariser avec la découverte de Planck : elle va devenir rapidement le point clé de notre étude de l'atome. Venons-en à notre quatrième grande idée.

Boy, man and genius...

L'histoire de lord Ernest Rutherford (1871-1937) est unique dans les annales de la physique. Quatrième d'une famille de douze enfants nés de parents peu fortunés émigrés en Nouvelle-Zélande, il reçoit le prix Nobel de chimie en 1908, à l'âge de trente-sept ans... alors qu'il n'a pas encore entamé l'œuvre qui concerne notre sujet et qui va immortaliser son nom ! Exemple étonnant d'un homme glorifié par ses pairs avant même que l'heure de sa gloire n'ait sonné.

En 1907, il attire à Manchester (patrie de Dalton), où il enseigne, de brillants élèves. Deux d'entre eux sont Hans Geiger (1882-1945) et Ernest Marsden (1889-1970). En mai 1909, il les met au travail : «Bombardez-moi une feuille d'or avec des particules alpha, leur demande-t-il, et comptez combien de particules reviennent vers vous.»

Rutherford avait établi précédemment que certaines substances radioactives, telles que le

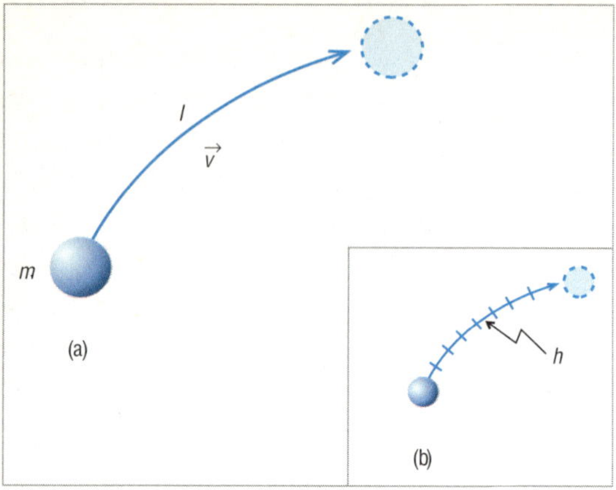

L'action.
(a) Selon Maupertuis (1744), le transport d'un corps de masse m sur la distance l à la vitesse v requiert une quantité d'action égale à mvl.
(b) Selon Planck (1900), l'action est un multiple entier d'une unité universelle, le quantum élémentaire d'action h.

radon 222, émettent spontanément un rayonnement puissant, le rayonnement alpha. Il savait également, depuis 1908, que ce rayonnement était en réalité constitué de particules (de noyaux d'atomes d'hélium, nous l'avons appris depuis).

Une semaine plus tard, Marsden, qui n'a que vingt ans, rencontre Rutherford dans l'escalier : « *Sir ! — Yes ?...* » Marsden raconte à Rutherford qu'en moyenne une particule alpha sur huit mille est revenue vers lui. Rutherford devait dire plus tard : « Ce fut l'instant le plus extraordinaire de ma vie. C'était comme si vous bombardiez une feuille de papier avec des obus de quarante millimètres et que certains d'entre eux rebondissaient vers vous ! »

Il réfléchit : si les particules ont rebondi, c'est qu'elles ont rencontré dans la feuille d'or quelque chose de très dur..., et de très petit puisque seule une particule sur huit mille en moyenne a rebondi...

Reprenant une idée avancée quelques années plus tôt par Jean Perrin et le Japonais Hantaro Nagaoka (1865-1950), il formule alors cette hypothèse : l'atome consiste en un noyau autour duquel tournent des électrons. Les électrons sont légers, les noyaux sont lourds. C'est sur ces noyaux, durs et minuscules, que les particules alpha rebondissent dans les expériences décrites ci-dessus. Qui plus est, les électrons transportent l'électricité résineuse (négative), les noyaux l'électricité vitrée (positive). L'électricité positive est donc granuleuse elle aussi (c'est-à-dire transportée sous forme de « charges élémentaires »).

Le 7 mars 1911, Rutherford, que ses collaborateurs appelaient affectueusement «*boy, man and genius*», présente son modèle de l'atome devant une audience médusée. L'atome moderne est né. Il allait falloir maintenant essayer d'en expliquer le mécanisme de fonctionnement intime – bref, d'en faire l'«atome des physiciens».

L'atome des physiciens

Selon Philolaos,
le Nombre est le lien tout-puissant
et engendré par soi
qui unit éternellement les objets du monde.
JAMBLIQUE.

Pour Ekphantos, pythagoricien légendaire qui aurait été un contemporain de Démocrite, l'unité (le « 1 »), loin d'être une simple abstraction, est une particule ayant épaisseur et consistance. Partant de cette hypothèse, Ekphantos construisit une véritable « théologie arithmétique » selon laquelle la monade (le « 1 ») et la dyade indéfinie (le « 2 », substrat matériel de la monade qui est cause) engendrent les nombres – qui engendrent les points, qui engendrent les lignes, qui engendrent les surfaces, qui engendrent les figures à trois dimensions, qui engendrent les corps sensibles..., construits à partir des éléments d'Empédocle, la terre, l'eau, l'air et le feu. (Successeur d'Ekphantos, Philolaos de Tarente aurait le premier identifié les éléments aux polyèdres réguliers, thèse reprise par Platon et déjà évoquée p. 18.)

L'idée que le nombre puisse jouer un rôle fondamental dans le fonctionnement de la nature en général et dans celui de l'atome en particulier s'est imposée d'elle-même avec la découverte des spectres* atomiques.

Paris, 1627. René Descartes examine la lumière du soleil à travers un prisme. Il note qu'à la sortie du prisme les rayons, « s'allant rendre sur un linge ou papier blanc, y peignent toutes les couleurs de l'arc-en-ciel ».

Cambridge, 1666. Isaac Newton perfectionne l'expérience de Descartes et baptise « spectre » (*spectrum*) l'image colorée produite à la sortie du prisme.

Université de Heidelberg, sur le Neckar, XIXe siècle. Robert Bunsen (1811-1899) invente son célèbre brûleur dont la flamme est incolore. Gustav Kirchhoff dispose dans cette flamme une petite quantité de diverses substances. La flamme se colore aussitôt. Ce qu'il voit va révolutionner la physique (et la chimie) : différent d'une substance à l'autre, le spectre constitue une véritable « signature d'identité » de la substance considérée.

1859. Julius Plücker et Anders Ångström (1814-1874) étudient le spectre de l'hydrogène au moyen d'un spectrographe dans lequel la lumière à examiner passe par une fente étroite avant de traverser le prisme, produisant un spectre composé

Dispersion de la lumière par un prisme.
Un rayon de soleil entrant par la fenêtre irait tout droit dans la direction Z ; mais en rencontrant un prisme, il change de direction et produit un spectre coloré sur l'écran blanc P. Dessin d'après une vignette publiée par Voltaire en 1738 dans ses Éléments de la philosophie de Newton *pour illustrer la découverte de ce que nous appelons aujourd'hui la spectroscopie.*

d'une série de raies* distinctes (chaque raie étant une image de la fente). Ångström identifie et mesure soigneusement la position de quatre raies de ce spectre.

La formule de Balmer

Bâle, 1885. Modeste professeur de mathématiques dans une école de jeunes filles – et pythagoricien convaincu –, Johann Jakob Balmer (1825-1898) examine avec attention les nombres d'ondes des

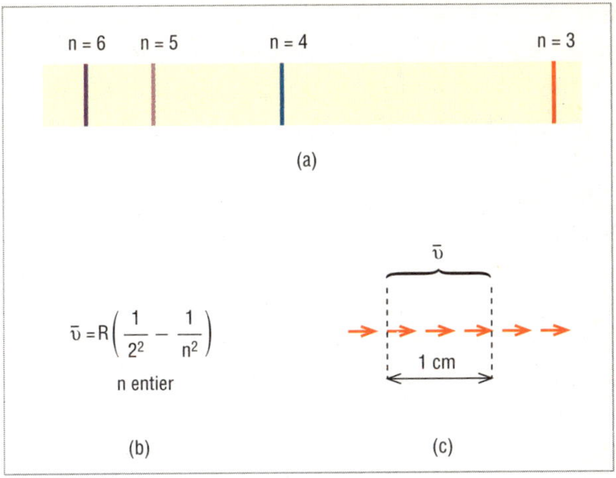

La formule de Balmer.
(a) Les quatre raies du spectre de l'hydrogène utilisées par Balmer pour établir sa formule.
(b) La formule de Balmer. (avec n = 3, 4, 5 et 6 pour les raies notées ci-dessus).
(c) Une rafale de projectiles tous de même longueur λ passe à la vitesse v, donnant l'impression de constituer une onde. Cette onde est caractérisée par le nombre de projectiles qu'elle contient par centimètre, appelé « nombre d'onde », désigné $\bar{v}$ et mesuré en cm^{-1}. Typiquement, pour le rayon rouge du spectre de l'hydrogène, λ = 0,00066 cm et $\bar{v}$ = 15 233 cm^{-1}.

quatre raies du spectre de l'hydrogène publiés par Ångström. Ces nombres n'ont *a priori* entre eux rien de commun : 15 233, 20 565, 23 032 et 24 373. Persuadé néanmoins qu'ils recèlent un secret de la nature et que «le monde, l'art et la nature forment un grand tout harmonieux dont il est possible de rendre compte par des combinaisons appropriées de nombres entiers», Balmer se donne pour mission de découvrir une formule qui relierait ces quatre nombres entre eux de façon simple. Il en trouve une, qu'il publie aussitôt dans une revue scientifique locale.

La formule de Balmer a quelque chose de fondamental, d'élégant, d'incontournable. Étant donné le rôle qu'elle va jouer dans la suite de notre histoire, nous l'avons reproduite dans toute sa splendeur sur le diagramme p. 53. Or ce n'était que la proverbiale «pointe de l'iceberg». Sa formule publiée, Balmer la montre à un professeur de physique de l'université de Bâle. Celui-ci s'étonne : comment, vous ne le saviez pas ? Depuis les premiers travaux, «ils» ont identifié non pas quatre mais seize raies du spectre de l'hydrogène. Balmer se met fébrilement au travail. Miracle ! sa formule rend compte avec précision de l'ensemble des seize raies. Et ce n'est pas tout !

Agé de vingt ans à la mort de Balmer, Walter Ritz (1878-1909) fait en 1908 une découverte surprenante. Il annonce : les raies d'un spectre donné forment un «fouillis» en apparence inextricable, et cependant il est possible de les grouper en plusieurs «familles» ou «séries» distinctes, aisément identifiables et représentables chacune, façon Balmer, par la différence de deux termes dépendant chacun d'un nombre entier.

Cette hypothèse reçoit une confirmation éclatante l'année même de sa formulation avec la découverte par Friedrich Paschen (1865-1947), à

Tübingen, d'une série jusque-là inconnue de raies du spectre de l'hydrogène correspondant à la formule balmérienne $\bar{\nu} = R(1/3^2 - 1/n^2)$, et celle, par Theodor Lyman (1874-1954) à Harvard, peu de temps après, d'une autre série correspondant, celle-ci, à $\bar{\nu} = R(1/1^2 - 1/n^2)$.

Ces deux séries avaient jusque-là échappé à l'attention générale parce qu'elles correspondent à des raies situées pour les unes dans la région infrarouge du spectre, pour les autres dans la région ultraviolette.

Admirons ici encore la merveilleuse prescience de la vision pythagoricienne du monde : du cosmos à l'atome, les nombres gouvernent l'univers.

Entrons dans l'atome

Les idées de Balmer et de Ritz intriguaient beaucoup les physiciens, mais ils avaient d'autres préoccupations plus urgentes que celle de vouloir en expliquer le succès. Pourquoi, se demandaient-ils notamment, les électrons dans l'atome ne «tombent-ils» pas sur le noyau ? En principe ils devraient le faire, en raison soit de leur poids (attraction gravitationnelle), soit de l'attraction électrique exercée par le noyau – une raison encore plus forte. Quelque chose, de toute évidence, les empêche de le faire. Mais quoi ?

Étudiant à l'université de Vienne en 1910, Arthur Haas (1884-1941) essaie de répondre à cette question. Il imagine un électron oscillant à l'intérieur de l'atome et exige que cette oscillation corresponde précisément à un quantum d'action de Planck. Il tire de ce modèle rudimentaire un «rayon» pour son atome égal à 0,55 × 10^{-7} millimètres environ. Remarquable résultat : pour la première fois, un calcul théorique a permis d'attribuer une «dimension» (plausible) à l'atome. (Hélas pour Haas, comme on ne prête qu'aux riches, son rayon est aujourd'hui connu sous le nom de... «rayon de Bohr».)

Deux ans plus tard, à Cambridge, John Nicholson (1881-1955) reprend l'idée de Haas sous une forme améliorée : il imagine un électron de masse m tournant à la vitesse v sur une orbite circulaire à l'intérieur de l'atome, et exige que l'action pour compléter une orbite soit égale à un nombre entier de quanta. Cette action se calcule facilement : si le rayon de l'orbite est r, la longueur du chemin parcouru au bout d'un tour est $2\pi r$ et l'action est donc égale à $2\pi rmv$. Nicholson pose donc $2\pi rmv = kh$, k entier.

Il est convenu aujourd'hui d'appeler «moment angulaire» de l'électron et de désigner par la lettre L l'expression rmv. Le résultat de Nicholson s'écrit alors $L = kh/2\pi$ (k entier). Il revient à dire que, dans l'atome, le moment angulaire de l'électron est «quantifié». Nous ne disons plus aujourd'hui que «les électrons tournent sur des orbites circulaires à l'intérieur des atomes», mais nous continuons à dire que leur moment angulaire est quantifié.

Les sauts quantiques

17 juillet 1912. Le plus grand mathématicien de son temps (l'un des plus grands de tous les temps), Henri Poincaré (né en 1854), meurt à son domicile, rue Gay-Lussac à Paris. Dans une série d'articles publiés sous forme de livre après sa mort, il écrit : «Il faut expliquer les lois si curieuses de la répartition des raies dans le spectre. D'après les travaux de Balmer, de Runge, de Kaiser, de Rydberg, ces raies se répartissent en séries et dans chaque série obéissent à des lois simples.» Il jette les bases d'une explication : «De même qu'une corde vibrante a une infinité de degrés de liberté, ce qui lui permet de donner une infinité de sons dont les fréquences sont les multiples de la fréquence fondamentale, [...] l'atome ne pourrait-il donner, pour des raisons identiques, une infinité de lumières différentes ?»

Il note une difficulté, cependant : «D'après les lois spectroscopiques [contrairement à ce qui se passe avec une corde vibrante], la fréquence ne devient pas infinie pour les harmoniques de rang infiniment élevé.» (De fait, dans chaque série, la fréquence tend vers une limite.) Donc, nous dit Poincaré, «l'idée doit être modifiée ou elle doit être abandonnée». Et il constate : «Jusqu'ici elle a résisté à toutes les tentatives, elle a refusé de s'adapter.»

Poincaré fait état alors d'une curieuse idée proposée par Ritz, peu de temps avant sa mort, pour expliquer cette «anomalie» apparente : «[Ritz se représente] l'atome vibrant comme formé d'un électron tournant et de plusieurs magnétons* placés bout à bout. Ce n'est pas l'attraction électrostatique des électrons qui règle les longueurs d'onde, c'est le champ magnétique créé par ces magnétons.» Nous retrouverons cette idée – sous une autre forme – dans la seconde partie de ce livre.

Dans un deuxième article, intitulé «L'hypothèse des quanta», Poincaré affirme : «*Un système physique* [tel qu'un atome] *n'est susceptible que d'un nombre fini d'états distincts ; il saute d'un de ces états à l'autre sans passer par une série continue d'états intermédiaires*» (les italiques sont de Poincaré).

Arrêtons-nous un instant sur ce texte, acte fondateur de la théorie moderne de l'atome. Que faut-il entendre par un «état» de l'atome ? La théorie de Nicholson nous le fait comprendre. Prenons l'exemple le plus simple, celui de l'atome d'hydrogène, qui ne contient qu'un électron. Selon Nicholson, cet électron se trouve sur une orbite correspondant à un nombre entier de quanta d'action. Ce nombre entier – ce nombre quantique – définit un état de l'électron et, plus généralement, un état de l'atome. (Pour un atome à plusieurs électrons, la définition sera plus complexe, mais elle est du même ordre. Nous en reparlerons.)

Intéressons-nous maintenant à la seconde partie du texte de Poincaré. Comment l'atome passe-t-il d'un état à un autre ? Selon Poincaré, en effectuant des «sauts» (nous disons aujourd'hui des sauts quantiques). Fort bien, mais comment – et pourquoi – l'atome effectue-t-il ces sauts ? Nous ne saurons jamais comment Poincaré, s'il avait vécu, aurait répondu à cette question. Nous savons seulement ce que d'autres ont accompli dans sa foulée.

Septembre 1911 : Niels Bohr (1885-1962), qui vient de défendre sa thèse de doctorat à l'université de Copenhague, arrive chez sir Joseph à Cambridge, pour un séjour d'études de quatre mois. Nicholson lui explique son idée concernant la quantification du moment angulaire de l'électron dans l'atome. Bohr n'est pas impressionné (il le dira plus tard), en partie parce que Nicholson avait appliqué sa théorie à un atome hypothétique, baptisé *nebulium* car on le croyait présent dans les nébuleuses ; nous savons aujourd'hui qu'il s'agissait en réalité d'un ion de l'atome d'oxygène.

Février 1913. Bohr entreprend la rédaction d'un long article sur l'atome. Hans Marius Hansen (1886-1956), spécialiste de la spectroscopie, lui demande : «Est-ce que votre article expliquera la formule ?» Bohr sursaute. La formule ? quelle formule ? Bohr s'initie aussitôt à la formule de Balmer dont nous avons parlé – contre toute attente en effet, lui, le spécialiste en puissance de l'atome, ne la connaît pas. C'est le coup de foudre. Bohr s'aperçoit que la formule de Balmer contient une théorie implicite de l'atome et que, pour comprendre l'atome, il faut essayer de comprendre ce que cette formule essaye de dire.

Comment fonctionne un atome ?

Tentons à notre tour de déchiffrer le message crypté de la formule de Balmer. Elle exprime la fréquence du rayonnement de l'atome sous la forme d'une différence entre deux termes. Séparons ces deux termes et multiplions-les par h, nous obtenons $h\bar{v} = Rh/2^2 - Rh/n^2$. Suivant Poincaré, admettons que chacun des deux termes de notre équation représente un état distinct de l'atome et admettons que l'atome effectue un saut quantique – «saute d'un état à l'autre» – lorsqu'il émet (ou absorbe) le rayonnement. Admettons que tout cela soit vrai. Que représentent alors $Rh/2^2$ et Rh/n^2 précisément ? Les traités de physique nous répondent : «L'énergie de l'atome avant et après le saut.»

En réalité, que se passe-t-il ? Nous avons, au départ, un noyau et un électron libres ; chacun a son énergie propre, l'énergie de l'ensemble est la somme des deux. L'électron entre dans le champ du noyau et forme avec lui un atome. Ce processus s'accompagne d'une perte d'énergie. C'est cette perte que nos termes représentent.

Théorie subtile de l'atome, la formule de Balmer nous permet de suivre la variation de l'énergie lorsque le noyau et l'électron s'unissent pour former un état quantique stationnaire.

Construit dans le but avoué de «reproduire» la formule de Balmer – elle-même délibérément concoctée pour rendre compte correctement du spectre de l'hydrogène –, l'« atome de Bohr » incorpore au modèle de Nicholson (un électron tournant sur une orbite circulaire avec un moment angulaire quantifié) l'idée des sauts quantiques de Poincaré et les considérations sur le rayonnement que nous venons de présenter. Dans son ouvrage sur l'atome publié récemment, Bernard Pullmann raconte que le succès des propositions de Bohr « fut grand, et d'autant plus particulier qu'il ne reposait que sur des intuitions géniales, certes fondées sur de profondes réflexions ». De la part de Bohr ? ou de la part de Haas, de Nicholson, de Poincaré et de quelques autres ? Mais c'est une autre histoire. Revenons à l'atome.

Combien y a-t-il d'électrons dans un atome ?

Lorsqu'on soumet un atome à l'action de rayons X, ces rayons éjectent un électron de l'intérieur de l'atome ; un second électron prend aussitôt la place de l'électron éjecté. La transition s'accompagne – et donc se manifeste – par l'émission d'un rayon X secondaire, parfaitement repérable.

Cambridge, 1913. Travaillant jour et nuit « à une vitesse stupéfiante et [avec] un excès d'énergie caractéristique de sa personnalité », Henry Moseley (1887-1915) mesure le rayonnement secondaire émis par les atomes de tous les éléments qui lui tombent sous la main. Il découvre que la longueur d'onde de l'une des raies du spectre secondaire – la raie que les spécialistes appellent K_α – varie d'un élément à l'autre en accord avec une formule toute simple du type formule de Balmer, ayant l'avantage, qui plus est, de dépendre explicitement du nombre d'électrons présents dans l'atome.

Admirons l'invraisemblable talent de Moseley, qui, tout d'un coup, se met à compter les électrons à l'intérieur de l'atome et nous révèle l'un des grands secrets, jusque-là bien gardé, de la nature. Curieusement, sur la base des résultats obtenus, sir Joseph émet d'abord l'opinion qu'il convient de grouper les éléments en deux familles, « les membres successifs dans chaque famille s'accroissant par addition d'une unité commune, quoique les membres d'une famille ne puissent pas se convertir en ceux de l'autre par addition ou soustraction de cette unité ». Sir Joseph changera d'avis : les meilleurs physiciens succombent parfois (provisoirement) à des mirages.

Nombres quantiques...

Munich, 1916. Arnold Sommerfeld (1868-1951), pythagoricien au fond de l'âme lui aussi, s'interroge : pourquoi l'électron de l'atome d'hydrogène serait-il contraint de tourner sur des orbites circulaires ? Pourquoi ne pourrait-il tourner tout aussi bien sur des orbites *elliptiques* ?

Comme Christophe Colomb découvrant l'Amérique en pensant aborder les Indes, Sommerfeld construit un nouveau modèle de l'atome qui l'entraîne loin du modèle lui-même, vers des terres inexplorées de la physique atomique naissante. Le modèle « naïf » de l'atome développé par Haas puis par Nicholson conduisait à définir un nombre quantique *k*, précisant le nombre d'unités d'action pour un tour de l'électron sur son orbite. Sommerfeld introduit *deux* nombres quantiques lui permettant de quantifier le mouvement en fonction des deux axes de ses ellipses.

Les ellipses de Sommerfeld se sont depuis « évaporées » de la physique, mais les nombres quantiques qui les sous-tendent sont restés. Partie intégrante des terres nouvelles découvertes par le génial Munichois, ils sont au centre de la physique moderne de l'atome. Attachons-nous un instant à en évaluer la signification profonde. Nous suivrons, dans ce but, quelques étapes du raisonnement utilisé par Sommerfeld pour obtenir ses résultats. L'idée de Sommerfeld revient à dire que les deux axes a et b de l'ellipse qui constitue selon lui l'orbite de l'électron doivent avoir entre eux un rapport égal à celui de deux nombres entiers, n et k, selon l'équation $a/b = n/k$. Comme dans une ellipse le petit axe b est au plus égal au grand axe a (auquel cas l'ellipse devient un cercle), k est donc au plus égal à n.

Pour rendre compte de certains détails du spectre de l'hydrogène dits « de structure fine » que les théories de Haas, de Nicholson et de Bohr avaient ignorés, Sommerfeld pose $k = l + 1$ et introduit dans son modèle un troisième nombre quantique *m* pouvant prendre les valeurs entières comprises entre – *l* et + *l* ; puis... un quatrième nombre quantique dont nous parlerons plus loin.

Fort bien, me direz-vous, mais qu'est-ce exactement qu'un nombre quantique ? Pourquoi en faut-il quatre pour désigner les états de l'électron dans l'atome ? Il s'agit là, selon moi, d'un mystère encore bien gardé de la nature. Examinons la chose de plus près.

Qu'est-ce qu'un nombre quantique ? Avec un seul nombre quantique, il était facile de dire qu'il mesurait l'action. Avec quatre nombres quantiques, la question se pose : pourquoi faut-il quantifier quatre fois l'action ?

Dans quatre «directions» différentes, direz-vous. C'est effectivement ce qui semble se produire. On admet généralement que les nombres *l* et *m* quantifient une «rotation» électronique dans l'atome (du type envisagé initialement par Nicholson). Le nombre quantique «principal» *n*, par contraste, semble quantifier une action n'ayant rien à voir avec une rotation. Quant au quatrième nombre... nous en parlerons dans un instant (*cf.* aussi p. 103).

Tout cela demeure bien mystérieux, reconnaissons-le, à moins qu'on ne se résigne à accepter les résultats sans chercher à les comprendre. C'est l'attitude de nombreux physiciens aujourd'hui, pour lesquels la physique peut – doit – se passer d'interprétations des phénomènes autres que d'essence purement mathématique.

Il n'en reste pas moins, je le répète, que

les nombres quantiques se réfèrent, tous et toujours, à la mesure d'une action. Nous verrons plus en détail dans la seconde partie de ce livre pourquoi cette question demeure passionnante et... essentielle.

... et nombres magiques

Munich, 1916. Un an après la mort de Moseley, le 10 août 1915 à la bataille de Suvla Bay, en Crimée, Walther Kossel (1888-1956), élève de Sommerfeld, cherche à étendre les théories de son maître aux atomes à plusieurs électrons. Il conçoit un modèle tridimensionnel (Bohr à cette époque envisageait des atomes «plats» dont les électrons tournoyaient sur des orbites circulaires concentriques). Puis, prenant note du fait que les atomes des gaz rares (également appelés gaz nobles) – hélium, néon, argon... – interviennent difficilement dans les réactions chimiques, il avance l'idée que, dans l'atome, les électrons occupent des couches concentriques (tridimensionnelles), chacune d'elles ne pouvant recevoir qu'un nombre maximal d'électrons, ce nombre n'étant pas nécessairement le même d'une couche à l'autre : 2 pour la couche la plus proche du noyau, désignée par la lettre K ; 8 pour la deuxième couche, désignée par la lettre L ; 8 pour la troisième couche, désignée par la lettre M, etc. Lorsque dans un atome les couches occupées sont saturées, c'est-à-dire qu'elles contiennent le nombre maximal d'électrons qu'elles peuvent recevoir, l'atome forme un petit système fermé particulièrement stable et peu enclin à gagner ou à perdre des électrons. Tout au contraire, lorsque l'une des couches est incomplète, l'atome est disposé à gagner – ou à perdre selon le cas – un électron pour atteindre une configuration stable.

2, 10, 18..., la liste des nombres correspondant à des atomes particulièrement stables allait bientôt s'allonger de plusieurs nombres supplémentaires (36, 54, 86) correspondant aux atomes du krypton, du xénon et du radon, gaz rares eux aussi, nouvellement découverts. Mais pourquoi ces nombres ? Pourquoi ceux-ci plutôt que d'autres ? Les « expliquer » – comme on avait « expliqué » la formule de Balmer – devenait le problème numéro un de la physique atomique naissante.

Le spin de l'électron

Des choses intéressantes se passent dans l'atome quand on le soumet à l'action d'un champ magnétique (effet Zeeman) ou d'un champ électrique (effet Stark). Ces effets se manifestent notamment par une modification de l'allure du spectre. L'étude de ces modifications dans le cas de l'hydrogène a conduit Sommerfeld à inclure un quatrième nombre quantique dans sa théorie. Il avait introduit les trois premiers à partir de considérations purement géométriques : formes et orientations spatiales d'orbites électroniques. Pour expliquer l'effet Zeeman, découvert par Pieter Zeeman (1865-1943) à Leyde en 1896, Sommerfeld postule l'existence d'une «rotation cachée» de l'électron à l'intérieur de l'atome – rotation d'un type différent de celui envisagé pour celle décrite par *l* et *m*.

1923. Virtuose de ces choses, Alfred Landé (1888-1975) améliore l'hypothèse de Sommerfeld en postulant que, contrairement aux autres nombres quantiques, le nouveau nombre ne peut prendre que des valeurs correspondant à des demi-entiers : 1/2, 3/2, etc. Devant ces brillantes avancées intuitives, Wolfgang Pauli (1900-1958), alors âgé de vingt-trois ans, s'insurge : «Sommerfeld essaye de se débarrasser des difficultés... en suivant sa conviction intime de l'harmonie de la nature.»

Hambourg, 1924. Pauli abat ses cartes : il y a bien une rotation cachée dans l'atome, affirme-t-il, et cette rotation correspond bien à des valeurs demi-entières, mais elle n'est pas attribuable à un mouvement de l'électron dans l'atome ; elle correspond à une «rotation intrinsèque» de l'électron sur lui-même, correspondant aux deux valeurs demi-entières, + 1/2 et – 1/2.

Janvier 1925. Le jeune Américain Ralph de Laer Kronig, venu faire un séjour d'études en Europe, arrive à Copenhague avec une brillante idée en tête, qu'il explique à Kramers, assistant de Bohr. Pauli, qui assiste à la conversation, ridiculise la suggestion : «C'est une idée brillante, qui n'a, bien entendu, rien à voir avec la réalité !» Kronig garde donc son idée pour lui.

20 novembre 1925. Étudiants à l'université de Leyde, George Uhlenbeck (1900-1988) et Samuel

Goudsmit (1902-1978) publient une note dans laquelle ils annoncent que l'électron est animé d'un mouvement intrinsèque de rotation susceptible de deux orientations quand l'électron est placé dans le champ d'un aimant. De New York, Kronig apprend la nouvelle ; il écrit à Kramers : «A l'avenir j'aurai confiance en mon propre jugement et moins en celui des autres.» Informé, Bohr exprime à Kronig «sa consternation et ses profonds regrets». Kronig lui répond : «Je ne me suis plaint [...] que pour fustiger les physiciens du type "prêcheur" qui sont toujours tellement sûrs d'eux et infatués de leurs propres opinions. » Beau joueur, Uhlenbeck devait déclarer en 1976 : « Il n'y a aucun doute que Ralph Kronig avait anticipé l'essentiel de notre idée.»

Cette idée, la voici : l'électron possède un spin*. Il est – éternellement ! – en «rotation autour de lui-même» avec une vitesse correspondant à... la moitié d'une unité d'action. A la moitié d'une unité ? Nous verrons dans la seconde partie de cet ouvrage comment comprendre cette apparente anomalie.

Trois coups de tonnerre ébranlent la physique...

Paris, 1923. Persuadé que l'électron possède une «phase interne», sorte de petite horloge élémentaire qui l'accompagne dans ses déplacements, Louis de Broglie (1892-1987) suppose que «lorsqu'un électron décrit une orbite autour du noyau dans l'atome d'hydrogène, sa "phase interne" [...] varie d'un nombre entier de périodes pendant chaque tour sur l'orbite», faute de quoi, pense-t-il, «l'orbite serait instable».

L'hypothèse ne donne pas immédiatement le résultat escompté. De Broglie la modifie. «Une grande lumière se fit alors dans mon esprit», devait-il dire plus tard ; il imagine que l'électron est une particule accompagnée d'une onde et obtient le résultat suivant : «Si l'électron décrit l'orbite en partant d'un point quelconque [...], l'orbite étant fermée (par exemple circulaire) et l'onde allant plus vite que la particule, elle rattrapera celle-ci» ; mais l'électron sera stable sur son orbite «si l'onde le rattrape en étant en phase avec lui», expliquant ainsi le rôle joué par les nombres entiers dans l'atome. Ainsi naquit, d'un coup de baguette magique, la mécanique ondulatoire de Louis de Broglie. Elle fit sensation, mais pas pour longtemps, car dans l'intervalle...

Ile de Helgoland, mer du Nord, 7 juin 1925. Werner Heisenberg (1901-1976), alors âgé de vingt-trois ans, tente de se débarrasser d'une sévère crise d'asthme qui l'accable depuis plusieurs semaines. Assis sur un rocher à 3 heures du matin, il contemple la mer et se remémore le poème de Goethe, *West-Östlicher Divan*. C'est alors que, tout d'un coup... De retour à Göttingen, il rédige un article qu'il confie le 9 juillet au physicien Max Born (1882-1970), n'osant pas, lui dit-il, le soumettre à une revue scientifique sérieuse tant il est «loufoque». En lisant l'article, Born découvre qu'Heisenberg y a utilisé, pour expliquer l'atome, une technique bizarre qui lui rappelle cependant quelque chose : elle ressemble à la technique mathématique obscure dite du «calcul matriciel». Aidé par son élève Pascual Jordan (1902-1980), Born rend l'article «intelligible» et l'envoie à la revue *Zeitschrift für Physik*, qui le publie.

Zurich, novembre 1925. L'Autrichien Erwin Schrödinger (1887-1961) prend connaissance de l'article de Heisenberg mais surtout de la thèse de doctorat de De Broglie, défendue en Sorbonne l'année précédente. La thèse l'impressionne. «Les nombres entiers interviennent en mécanique ondulatoire de la même façon naturelle que les nœuds interviennent dans la théorie des cordes vibrantes» (*cf.* diagramme p. 72). Schrödinger met alors au point l'équation qui va faire sa gloire et... tout chambouler. Il montre que cette équation, équivalente à la théorie proposée par Heisenberg, résume tous les résultats connus à ce jour concernant l'atome, y compris, bien entendu, l'incontournable formule de Balmer ! Adieu la mécanique ondulatoire..., bonjour la mécanique quantique !

Nous avons vu que, pour de Broglie, l'électron est accompagné d'une onde dont la phase est l'élément important (c'est pour rester en phase avec son onde que l'électron suit un mouvement particulier – un mouvement quantifié). Schrödinger adopte l'idée de l'onde mais il met l'accent sur son amplitude. Il faut, dit-il, que l'amplitude s'annule là où l'électron ne peut aller, par exemple à l'infini. En obligeant l'onde à avoir des «nœuds» (endroits où son amplitude s'annule), ces «conditions aux limites» introduisent la quantification dans la théorie : le nombre de nœuds devient un nombre quantique.

Étonnante théorie qui, au grand dam de Louis de Broglie, eut notamment pour effet de reléguer la phase de l'onde au rayon des objets oubliés. Il faudra attendre... la publication du présent ouvrage pour que quelqu'un – autre que de Broglie lui-même – tente de restituer à la phase son rôle, ce que nous verrons plus en détail dans la seconde partie de ce livre.

Revenons brièvement en arrière. Nous nous demandions (*cf.* p. 64) pourquoi il fallait quatre nombres quantiques pour quantifier l'action dans l'atome. Ensemble, l'espace et le temps constituent l'espace-temps à quatre dimensions de la relativité – quatre dimensions, donc quatre directions dans lesquelles quantifier l'action. Délibérément construite sur la base de quatre composantes, l'équation inventée par Paul Dirac (1902-1984) en 1928 pour satisfaire aux exigences de la relativité introduit directement dans le modèle les quatre nombres quantiques (dont celui correspondant aux valeurs demi-entières du spin). Ce résultat justifie, sans toutefois l'expliquer tout à fait, pourquoi quatre (plutôt que trois) nombres quantiques sont nécessaires pour quantifier l'action dans l'atome.

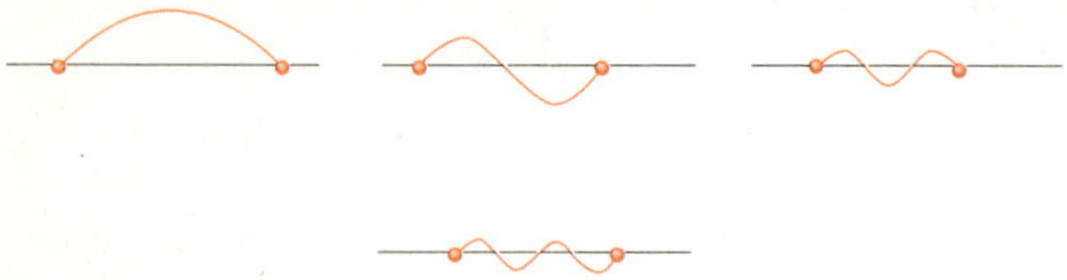

Comment vibre une corde.
Une corde tendue fixée à ses deux bouts (telle une corde de violon) vibre en produisant des harmoniques caractérisées par le nombre de « nœuds » où la corde reste immobile pendant la vibration.

… puis un éclair illumine le ciel

Princeton, États-Unis, 1941. Étudiant américain d'origine russe, Richard Feynman (1918-1988), alors âgé lui aussi de vingt-trois ans, se rend à la *Nassau Tavern* pour y boire tranquillement une bière. En visite à Princeton, le professeur Herbert Jehle, un ancien collaborateur de Schrödinger à Berlin, s'assoit à sa table. Feynman lui demande s'il sait comment utiliser le concept d'action en mécanique quantique. Jehle répond que non, mais que Dirac (héros de Feynman !) a publié un article sur ce sujet environ huit ans auparavant. Les deux hommes récupèrent l'article en question le lendemain… dans une obscure revue soviétique, *Physikalische Zeitschrift der Sowjetunion.* Feynman prend une craie, s'installe devant un tableau noir et décortique l'article de son illustre aîné.

Jehle n'en croit pas ses yeux. Il ouvre un carnet, prend fébrilement des notes… Tout d'un coup apparaît devant lui l'équation de Schrödinger ! Feynman vient tout simplement d'inventer devant lui une nouvelle manière de faire un calcul en mécanique quantique !

La méthode inventée par Richard Feynman ce jour-là nous intéresse au plus haut point car elle est entièrement fondée sur la notion d'action, qui nous est chère... et que la mécanique quantique avait largement délaissée entre-temps. «Nous pûmes trouver une forme pour l'action ne dépendant que du mouvement des charges, nous dit Feynman. Je pus aussi découvrir ce que les vieux concepts d'énergie et de quantité de mouvement signifient pour cette action généralisée.»

Nous étudierons les idées de Feynman plus en détail dans la seconde partie de ce livre. En attendant, complétons notre récit en disant quelques mots à propos de l'atome à plusieurs électrons.

1921. Occupé à mettre en place à Copenhague son Institut for Teoretisk Fysik, Bohr sillonne l'Europe, laissant partout entendre qu'il a calculé quelque chose, mais quoi ? Arnold Sommerfeld s'impatiente. Même Rutherford fustige Bohr. La situation est tendue. Car Bohr n'a... rien calculé. «La vérité, dira Kramers, était qu'il avait simplement créé, avec une vision divine, une synthèse entre les résultats de la spectroscopie et ceux de la chimie.» Situation d'autant plus dramatique que le bruit commençait à circuler dans les milieux de la physique que Bohr (plutôt que Sommerfeld) avait été choisi pour recevoir le prix Nobel de physique cette année-là – ce qui se produisit effectivement le 16 décembre 1922.

Faire parler les spectres

En faisant «parler» le spectre de l'hydrogène, la formule de Balmer avait rendu possible l'élaboration d'un premier modèle de l'atome. La formule de Ritz, dont l'auteur était mort entre-temps à l'âge de trente ans, allait permettre d'approfondir ce modèle en facilitant notamment l'étude minutieuse du spectre des métaux alcalins : lithium, sodium, potassium, rubidium et césium.

L'atome des métaux alcalins contient un « électron de valence » dont le comportement rappelle fortement celui de l'électron de l'atome d'hydrogène. Prenons l'exemple le plus simple, celui de l'atome de lithium.

L'atome d'hydrogène contient un électron, l'atome de lithium en contient trois. Mais tout se passe comme si deux de ces électrons, intimement liés au noyau, pouvaient être ignorés dans l'étude des propriétés observables de l'atome. Cette constatation permet de concevoir l'atome de lithium et ceux des métaux alcalins en général comme des atomes d'hydrogène «modifiés», c'est-à-dire ne contenant, comme lui, qu'un seul électron.

L'analyse du spectre fondée sur cette affirmation permit de découvrir le fait remarquable suivant : l'atome ne «saute» jamais arbitrairement d'un état à un autre. Seuls certains sauts semblent être «autorisés» et contribuent au spectre.

Cette constatation est à l'origine de ce que nous appelons aujourd'hui les «règles de sélection». La principale de ces règles attribue au nombre quantique *l* un rôle prépondérant dans l'atome : seules sont autorisées les transitions dans lesquelles *l* change d'une unité. Nous en reparlerons. Voyons maintenant quel parti les théoriciens surent tirer de ces observations dans leurs efforts pour approfondir et perfectionner la théorie quantique de l'atome.

Les nombres magiques expliqués

Décembre 1924. Wolfgang Pauli examine de près l'information accumulée par les spécialistes de la spectroscopie dans l'interprétation des spectres.

Pour chaque atome, les spectroscopistes avaient établi, notamment, une liste des états quantiques contribuant au spectre – états qu'ils dénommaient «termes» puisqu'ils les identifiaient à l'un des «termes» de la formule de Ritz. Du point de vue théorique, qu'est-ce qu'un terme ? Il correspond à un état quantique de l'atome dans lequel un ensemble de nombres quantiques est attribué à chaque électron. Il s'agit là, bien entendu, d'une approximation : en principe, seul l'ensemble du cortège électronique peut être quantifié. Mais sans cette approximation rien ne serait possible, tant les calculs sont difficiles. Nous nous en contenterons donc, au moins pour l'instant.

Pauli examine de près la liste des termes établie par les spécialistes. Il découvre ceci : aucun des termes inscrits dans la liste ne correspond à un état de l'atome dans lequel deux ou plusieurs électrons possèdent les mêmes nombres quantiques. Tout se passe, se dit Pauli, comme si de pareils états étaient «interdits». Il décide qu'ils le sont. Il formule donc et publie aussitôt son célèbre «principe d'exclusion» ou principe de Pauli, selon lequel «deux électrons dans un atome ne peuvent avoir les mêmes nombres quantiques», ou mieux : «Les électrons dans un atome ont tous des nombres quantiques différents.»

Ce qui est amusant dans la découverte de ce principe est que les nombres quantiques dont il s'agit n'existent... que dans l'imagination du théoricien (en toute rigueur, nous l'avons dit, seul l'ensemble du cortège électronique peut être quantifié) ! Le principe est néanmoins valable, mais pour une raison qui n'apparaîtra que plus tard, après que le formalisme de la mécanique quantique aura substantiellement progressé.

Pour mieux apprécier l'enjeu, initions-nous à la notation inventée par les spectroscopistes pour désigner leurs termes. Que le lecteur se rassure, ces conventions spectroscopiques ne sont pas difficiles à maîtriser.

Étant donné le rôle particulier que joue le nombre quantique l dans la théorie des spectres, il a été convenu de représenter symboliquement les valeurs qu'il peut prendre : s pour $l = 0$, p pour

$l = 1$, d pour $l = 2$, f pour $l = 3$, etc. Ces désignations correspondent à des concepts spectroscopiques aujourd'hui oubliés : *s* pour *sharp*, *p* pour *principal*, *d* pour *diffuse*, etc.

Ensemble, n et l indiquent une configuration : dans l'ordre croissant des valeurs, les configurations possibles sont donc 1*s*, 2*s*, 2*p*, 3*s*, 3*p*, 3*d*, etc. (2*p* par exemple correspond à $n = 2$, $l = 1$; 3*d* à $n = 3$, $l = 2$, etc.). Le nombre quantique m prend les valeurs entières comprises entre $-l$ et $+l$, soit en tout $2l+1$ valeurs distinctes. La configuration nl correspond donc à $2l+1$ états distincts. Mais comme le nombre quantique correspondant au spin de l'électron peut prendre deux valeurs, + 1/2 et – 1/2, on aura en fin de compte $2(2l+1)$ états distincts.

Nous voici au bout de nos peines. En plaçant en exposant le nombre d'électrons présents dans chaque configuration, les termes correspondant aux atomes des gaz rares sont : $1s^2$ pour l'hélium, $1s^2 2s^2 2p^6$ pour le néon, $1s^2 2s^2 2p^6 3s^2 3p^6$ pour l'argon…, ce qui nous donne, pour le nombre total d'électrons dans ces atomes : 10 pour le néon, 18 pour l'argon, 36 pour le krypton… Miracle ! 10, 18, 36… Ces nombres sont nos nombres magiques évoqués plus haut (*cf.* p. 66) !

Je rapporterai ici une autre manière d'obtenir ces nombres. Elle est fondée sur un petit jeu numérique qui aurait assurément enchanté Balmer et Ritz s'ils avaient pu le connaître. Je dis que nos nombres magiques sont… des sommes de carrés.

On a en effet, comme le lecteur le vérifiera aisément :

$$2(1^2 + 2^2) = 10,$$
$$2(1^2 + 2^2 + 2^2) = 18,$$
$$2(1^2 + 2^2 + 2^2 + 3^2) = 36,$$
$$2(1^2 + 2^2 + 2^2 + 3^2 + 3^2) = 64$$
$$\text{et } 2(1^2 + 2^2 + 2^2 + 3^2 + 3^2 + 4^2) = 86,$$

pour ne citer que les cinq premiers de ces nombres. Mais que signifie ce résultat surprenant ?

Pour répondre à cette question – et c'est là notre jeu –, je ferai appel à un théorème tout simple de la théorie des nombres selon lequel « la somme des n premiers nombres impairs consécutifs est égale à n^2 », (ainsi $1 + 3 = 2^2$), théorème qui nous permet de convertir en sommes de nombres impairs les carrés qui apparaissent dans nos formules, par exemple : $1^2 + 2^2 = 1 + (1 + 3)$. Or tout nombre impair est de la forme générale $2l+1$. Nos sommes de carrés se transforment donc en sommes de nombres de la forme $2l+1$... Et la boucle est bouclée, en parfait accord avec les résultats obtenus par la méthode conventionnelle. Les nombres entiers sont décidément bien au cœur de l'atome !

Ainsi fut enfin « expliquée », sur la base d'une approximation partiellement empirique, l'origine de ces nombres qui avaient tant intrigué les physiciens au début de la grande aventure. Avec cette découverte, l'atome des physiciens et l'atome des chimistes, partis pourtant de points de vue profondément différents, fusionnaient enfin en un concept également satisfaisant pour les deux disciplines.

Que pouvons-nous en conclure ? Que la nature se présente à nous sous bien des aspects différents et que nous devons nous réjouir lorsque nous parvenons à formuler tel ou tel modèle de son fonctionnement qu'elle semble avoir au moins partiellement réalisé. Même si ces modèles ne sont, au vu et au su de tous, que de modestes approximations d'une réalité à jamais insaisissable.

Nous croyons tout savoir
et avoir tout dit sur l'atome…

Il se pourrait pourtant bien
que tout soit à recommencer !

Repenser l'atome

Selon une école de pensée contemporaine en physique, il est inutile – et de toute façon impossible – de se figurer avec précision ce qui se passe à l'intérieur de l'atome. On se contentera de dire, par exemple, que l'atome est capable d'« absorber » ou d'« émettre » une particule de lumière sans pour cela chercher à se représenter ou à préciser davantage le processus lui-même.

Cette manière de penser ne satisfaisait pas le père de Richard Feynman. Il demandait à son fils avec insistance : « Lorsqu'un atome fait une transition d'un état à un autre, il émet un photon. D'où vient le photon ? » (Épisode souvent raconté par Richard Feynman lui-même.)

Le piège Sisyphe (page précédente). *Puits de lumière utlisé à l'École normale supérieure pour piéger des atomes.* Ph © G. Grynberg.

C'est une chose de s'intéresser à la façon dont l'atome forme des liaisons chimiques pour former les molécules, ou d'écrire une équation qui permette de traduire des spectres ; c'en est une autre que de chercher à savoir ce qui se passe à l'intérieur de l'atome : par quel moyen le noyau retient-il les électrons sous son influence ? par quel moyen les électrons se repoussent-ils mutuellement entre eux ?

Selon moi, et je m'en expliquerai, il convient d'apporter une réponse neuve à ces questions. Dans cette seconde partie, nous nous intéresserons donc aux processus élémentaires qui prennent place à l'intérieur de l'atome et nous tenterons d'en rendre compte à partir d'idées nouvelles.

L'affaire sera vite réglée : ou bien nous parviendrons à atteindre une meilleure compréhension du fonctionnement de l'atome, auquel cas nous aurons atteint notre but ; ou bien... Mais pourquoi être pessimiste ? Rangeons-nous résolument du côté de Démocrite, qui disait : « La hardiesse est le commencement de l'action » (ajoutant toutefois : « Mais c'est la fortune qui décide du résultat ! »).

La matière

Peut-être une chose est-elle simple
si vous pouvez la décrire complètement
de diverses façons
sans savoir immédiatement
que toutes ces descriptions
s'appliquent à la même chose.
RICHARD FEYNMAN, 1965.

La nature se comprend en un double sens, nous dit Aristote : «d'une part comme matière ; et d'autre part, comme forme.» Il précise la différence : «La forme est le pourquoi des choses et leur cause finale.» Quant à la matière, Aristote parlait, je le rappelle, de quatre éléments (la terre, l'eau, l'air et le feu) et de quatre qualités (le chaud, le froid, le sec et l'humide). Les physiciens modernes ont substitué à ces vues le modèle standard de la physique contemporaine. L'efficacité prévisionnelle de ce modèle le place à un niveau incomparablement supérieur à celui qu'avait atteint la systématique ancienne.

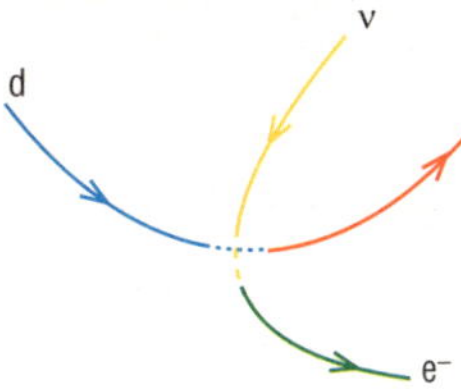

La transmutation.
Interaction d'un quark (représentée ici en pointillé) avec un neutrino en train de remonter le temps.

Il est cependant curieux de constater que les bâtisseurs du modèle standard ont utilisé eux aussi le nombre quatre dont Aristote avait fait un des piliers de ses conceptions : ils définissent par exemple un espace-temps à quatre dimensions, citent quatre forces de la nature et nous disent que la matière serait constituée de douze particules primordiales, dont quatre prédominantes : le quark* *u*, le quark *d*, le neutrino* $\bar{\nu}$ et l'électron *e*. S'agit-il là d'une pure coïncidence, d'une corrélation profonde ou tout simplement, et de manière plus vraisemblable, d'une manifestation du besoin qu'éprouve la pensée humaine de caractériser ce qu'elle observe pour mieux tenter de l'expliquer ?

De toutes ces particules, c'est l'électron que nous croyons le mieux connaître. Mais qu'est-ce vraiment qu'un électron ? « Si l'électron nous a servi à comprendre beaucoup de choses, disait Louis de Broglie, nous n'avons jamais bien compris l'électron lui-même. » Lors d'une conférence donnée à l'université Columbia, Llewellyn Thomas, découvreur de l'un des mystères de l'électron, prend un bâton de craie, s'avance au tableau noir et y inscrit… un point. A la fin de la conférence, Thomas n'avait inscrit sur le tableau… que ce point, par lequel il avait voulu figurer l'électron.

L'idée de représenter la particule comme un objet de dimension zéro apparaît clairement pour la première fois au XVIIIe siècle dans la pensée de Rudjer Bošković (1711-1787). Excellent géomètre, Bošković est d'ailleurs allé beaucoup plus loin : dans sa *Théorie de philosophie naturelle*, publiée en 1758, il introduit la notion de centres de forces ou points d'énergie et invente l'« atomisme ponctiforme ».

Aujourd'hui, c'est par pure nécessité, et non plus de gaieté de cœur, que les physiciens utilisent une représentation ponctiforme de l'électron : ils ne savent pas comment faire autrement. (La théorie des cordes*, qui cherche à représenter les particules élémentaires, et l'électron en particulier, sous la forme de cordes ayant longueur et tension, n'est pas encore… au point. Nous en reparlerons.)

Leon Lederman, prix Nobel de physique 1988, a résumé de façon amusante le problème que soulève la représentation de l'électron par un point : « Si l'électron est un point … : où se trouve la masse ? Où se trouve la charge ? Comment savons-nous que l'électron est un point ? *Can I have my money back ?* [Pourriez-vous me rembourser ?] »

Qu'est-ce que l'énergie ?

Peu de temps après la découverte de l'électron, Henrik Kauffmann (1888-1963) s'aperçoit que lorsqu'on accélère un électron à des vitesses approchant celle de la lumière (300 000 $km.s^{-1}$ [kilomètres par seconde]), sa masse semble augmenter. Exprimée en unités d'énergie, comme il est devenu coutumier de le faire, la masse de l'électron est d'environ 511 000 eV (électronvolts*) au repos. Dans le grand anneau du LEP (Large Electron Positron), tunnel circulaire de vingt-sept kilomètres de longueur creusé sous le Jura, au Centre européen de recherches nucléaires de Genève, on sait aujourd'hui accélérer l'électron à des vitesses lui permettant d'atteindre une énergie de l'ordre de cent milliards d'électronvolts (100 GeV). Comment s'y prend-on pour obtenir ce résultat ? En insufflant de l'énergie dans l'anneau (sous forme d'un rayonnement radiofréquence) à chaque passage de l'électron.

La question se pose à nouveau : si l'électron est un point, où va cette énergie ? Comment – sous quelle forme – est-elle « emmagasinée » dans l'électron ? Nous retombons sur la question posée à Richard Feynman par son père. Attaquons-nous une fois pour toutes à cette question fondamentale.

E = hν : erreur d'aiguillage

Il y a eu en 1905, à un tournant décisif de l'histoire de la physique, une erreur d'aiguillage. Max Planck venait d'annoncer sa découverte du quantum d'action. Il avait, en réalité, fait une double hypothèse : celle du quantum d'action, et celle, annexe, de la relation E = *hv*, reliant l'énergie du quantum à la fréquence du rayonnement. Or cette relation, aux mains d'Albert Einstein, allait devenir la source d'un malentendu dont les conséquences hantent encore la physique de nos jours. Retraçons quelques épisodes de ce « psychodrame » de la physique.

Berne, 1905. Employé au Bureau fédéral suisse des brevets et désireux de se faire connaître en qualité de physicien, Albert Einstein rédige coup sur coup en l'espace de quatre mois trois articles qu'il soumet à la prestigieuse revue *Annalen der Physik*, qui les publie. Dans le premier de ces articles, terminé le 17 mars 1905, il reprend, avec l'intention première d'en démontrer la faiblesse, la démonstration de Planck qui débouche sur l'invention du quantum d'action. Il élabore dans ce but un nouveau raisonnement, construit autour d'une hypothèse qu'il baptise hypothèse du quantum de lumière, selon laquelle «un rayonnement de densité suffisamment faible se comporte comme s'il était composé de quanta d'énergie indépendants les uns des autres» et de magnitude *hv*.

L'idée qui sous-tend cette hypothèse consiste à dire que la lumière contient des particules (Einstein se contente pour l'instant de dire des quanta) et suggère que l'expression *hv* est plus fondamentale à cet égard que le simple *h* de Planck. C'est cette idée qu'il convient de remettre en cause, selon moi. Mais revenons à notre récit.

Salzbourg, 1909. Johannes Stark (1874-1957)

remarque qu'« un électron accéléré émet sous forme de radiation lumineuse une quantité de mouvement égale à *hν*/c » (c étant la vitesse de la lumière).

Avant cette découverte, le quantum de lumière d'Einstein possédait un unique attribut : il transportait de l'énergie, il était un quantum d'énergie. (Einstein lui-même considérait ses quanta comme des «points». A Sommerfeld, en 1909, il parle de «l'agencement de l'énergie lumineuse autour de points qui se déplacent à la vitesse de la lumière».) Avec la découverte de Stark, le quantum de lumière acquiert un second attribut : il transporte du mouvement, ce qui va permettre d'en faire une particule à part entière (une particule qui se respecte doit être capable au minimum de transporter du mouvement).

Berkeley, 1926. Le chimiste-physicien Gilbert Lewis combine l'hypothèse d'Einstein et la découverte de Stark (renforcée par la découverte de l'effet Compton*) et franchit le dernier pas : il affirme que la lumière est faite de «particules indestructibles», qu'il baptise photons.

Le nom est resté. Les physiciens diront désormais que l'énergie apparaît en «paquets», les photons, et ne parleront plus que rarement du «quantum d'action», rebaptisé «constante de Planck» et relégué à un rôle universel, mais secondaire. Voici par exemple ce qu'écrit Murray Gell-Mann, prix Nobel de physique, dans son ouvrage *The Quark and the Jaguar*, publié en 1994 : «La constante *h* est le rapport universel de l'énergie du quantum de lumière à la fréquence du rayonnement.»

Le passage du quantum d'action au quantum

d'énergie constitue, selon moi, une regrettable erreur d'aiguillage. L'énergie, je le rappelle, mesure la cadence à laquelle l'action s'exerce dans un mouvement donné : tant d'unités d'action par seconde. Le «par seconde» dans cette expression ne permet pas de faire de *hν* un «paquet». Un exemple fera mieux comprendre l'enjeu : je tire une rafale de mitrailleuse à la cadence de vingt balles par seconde. La balle dans cet exemple représente le quantum d'action ; la cadence de tir correspond à la fréquence du rayonnement ; et le produit des deux (vingt balles par seconde) est l'équivalent de *hν*. Mais «vingt balles par seconde» ne constitue pas un paquet et encore moins une particule au sens propre de ces mots. Le «par seconde» impliqué dans *hν* gêne. Erreur d'aiguillage.

Inventeur du concept, Einstein lui-même a gardé toute sa vie un doute sur le bien-fondé de son hypothèse. Au congrès Solvay qui réunit l'élite de la physique mondiale à Bruxelles en 1911, il déclare par exemple : «J'insiste sur le caractère provisoire de ce concept.» Et trois ans avant sa mort, à Princeton, en 1954, il écrit à son ami Michele Besso (le 12 décembre 1951) : «Cinquante ans d'interrogations ne m'ont pas amené plus près de pouvoir répondre à la question : qu'est-ce qu'un quantum de lumière ?» Il ajoute même : «Il est vrai qu'aujourd'hui n'importe quel abruti croit connaître cette réponse, mais il se trompe.»

Quel physicien de renom – ou quel jeune physicien entreprenant – osera se faire l'écho de cet avertissement oublié d'Einstein en remettant en question, comme il faut bien se résigner à le faire, le concept du photon, considéré comme solidement établi, et qui pourtant ne l'est pas ? L'atome, cet émetteur de quanta d'action (et non de photons !), nous impose ce devoir.

L'action remise à l'honneur

Décembre 1965. Après avoir acheté un smoking neuf et s'être entraîné à l'art de marcher à reculons (de façon à ne jamais avoir à tourner le dos au roi Gustav de Suède), Richard Feynman se rend à Stockholm pour y recevoir son prix Nobel de physique. Dans son discours de réception il annonce ceci : il est possible, il est souhaitable de formuler l'«électrodynamique quantique», théorie fondamentale de l'interaction de l'électron avec la lumière, «à l'aide d'un principe de moindre action».

Formulé initialement par Maupertuis en même temps qu'il introduisait le concept d'action, ce principe – l'un des plus remarquables de tous les principes de la physique – constate que, parmi toutes les trajectoires possibles permettant à une particule en mouvement d'aller d'un point à un autre, la particule adopte celle qui entraîne la plus petite dépense d'action possible, la trajectoire de «moindre action» ! Comment pareille chose est-elle possible ? demanderez-vous (à juste titre). Comment la particule peut-elle connaître à l'avance la trajectoire à suivre ? Réponse dans le dernier chapitre de ce livre.

Le vide

On ne peut raisonnablement
négliger l'opinion de Démocrite, qui,
en appelant les démons simulacres,
dit que l'air en est plein.
HERMIPPE, *Astronomie.*

Revenons à l'atome. Nous l'avons laissé (*cf.* p. 71) entre les mains de Sommerfeld, de Broglie, Schrödinger, Dirac et autres géants de la physique. Chacun avait tenté, à sa manière, d'«expliquer» l'origine des nombres quantiques qui régissent les états quantiques de l'atome, mais aucun d'eux ne s'était préoccupé de la question qu'il faut pourtant bien poser avant toutes les autres si l'on veut comprendre l'atome : comment – par quel moyen – le noyau retient-il les électrons sous son influence à l'intérieur de l'atome ? Et comment – par quel moyen – les électrons se repoussent-ils entre eux ?

L'explication «naïve» utilisée dans les modèles que nous avons étudiés jusqu'ici consiste à dire que noyau et électrons s'attirent et se repoussent en raison des charges électriques positives et négatives qu'ils portent. C'est reculer pour mieux sauter : car, qu'est-ce qu'une charge ? comment les charges exercent-elles leur influence ?

Par l'intermédiaire de champs, disaient les anciens (et non des moindres : Boskovic, Faraday, Einstein...) ; en échangeant des particules d'un type particulier, les médiateurs de la force, disent les physiciens modernes.

Dans son ouvrage *Sous l'atome les particules*, Étienne Klein a donné une explication imagée du processus de médiation. Il écrit : «Imaginons deux barques à la dérive sur un lac. [Si] l'un des occupants dispose [...] d'un ballon, et qu'il le lance avec assez de vigueur au passager de l'autre bateau, qui le lui renvoie et ainsi de suite, les deux embarcations s'écartent l'une de l'autre. [...] Il y a eu interaction.»

Les barques dans ce texte symbolisent des électrons et le ballon représente la particule qu'ils échangent entre eux. Officiellement, ce «médiateur de la force électromagnétique» dans l'atome est le photon. Mais, nous l'avons vu (*cf.* p. 87), prétendre que le photon, égal à $h\nu$, est une particule n'est logiquement pas tenable. (Sauf à entendre la signification du mot «photon» dans un sens différent de celui qui est généralement reçu, mais cela prêterait à confusion.)

Il faut donc chercher autre chose. J'invite le lecteur à me suivre dans cette quête.

Les espèces intentionnelles

Tandis que Démocrite à Abdère invente le vide et formule la théorie des Idées insécables, qu'Empédocle à Agrigente propose la théorie des quatre éléments..., Platon explique à ses disciples dans les jardins d'Athènes que l'œil voit comme le soleil éclaire, c'est-à-dire en dardant des rayons vers l'objet regardé.

Mais qu'est-ce qu'un rayon ? Il faudra longtemps avant qu'un philosophe se risque à en proposer un modèle (et surtout ose dire que les rayons sont composés d'« atomes de lumière »).

Sautons les siècles. En ce qui concerne notre sujet, le XIIIe siècle est avant tout le siècle de Roger Bacon, vicomte Saint Albans (1214-1294), l'illustre *Doctor mirabilis* membre de l'ordre des Franciscains, qui fut, en raison de l'étendue de ses connaissances et de la richesse de son imagination, accusé de sorcellerie et d'hérésie et jeté en prison à plusieurs reprises (la dernière fois pour dix ans, sur ordre du chapitre de Paris). A Oxford, Bacon étudie la science avec Robert Grosseteste (1170-1253), puis il se rend à Paris, où il obtient le grade de docteur en théologie et commente les œuvres d'Aristote.

Mais surtout, il développe une cosmogonie optique qui fait intervenir les Idées de Démocrite, qu'il a appris à connaître au contact de Grosseteste. Traduisant l'*idea* grec par le mot anglais *species* (« espèce intentionnelle » en français du XVIIe siècle), il formule une théorie selon laquelle les espèces sont de véritables rayons de force qui transmettent les actions à distance – chaleur, influence astrologique, magnétisme… – et dont la propagation se fait par « multiplication » d'un point à un autre.

Le concept du mouvement par multiplication constitue l'originalité de la théorie et nous intéresse au plus haut point pour des raisons qui vont devenir évidentes. L'espèce, selon Bacon, n'est pas « matérielle » et donc ne se propage pas à la manière d'un corps. Pour autant, elle ne se multiplie pas instantanément, mais à vitesse finie : si l'espèce pouvait s'étendre dans l'espace instantanément, nous dit Bacon, elle serait en effet simultanément au commencement, au milieu et au bout d'elle-même et se trouverait donc à plusieurs endroits au même instant, une impossibilité selon lui. En outre, toujours selon Bacon, quand une espèce est à son début ou à sa fin, elle y est immobile, le mouvement ne se produisant qu'entre ces deux extrêmes. Affirmer que l'espèce a un mouvement instantané serait donc affirmer qu'elle est à la fois immobile et en mouvement. Généralement accusé d'avoir pensé que la lumière est « instantanée », Descartes reprendra néanmoins cet argument.

En 1633, en Hollande, après avoir terminé la rédaction de son *Traité du monde ou de la lumière*, qu'il ne publie pas, Descartes rédige trois « essais », *La Dioptrique*, *Les Météores* et *La Géométrie*. En guise de préface à ces essais, il écrit le *Discours de la méthode*.

Dans *La Dioptrique*, Descartes croit d'abord pouvoir se débarrasser des Idées de Démocrite, version Roger Bacon. Il écrit : « Par ce moyen votre esprit sera délivré de toutes ces petites images

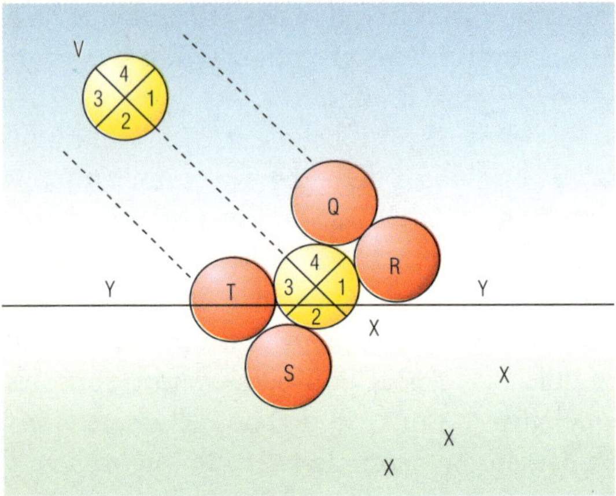

La boule 1234 de Descartes.
Reproduction du diagramme proposé par Descartes pour illustrer sa conception de la lumière « comme l'action [...] de petites boules qui roulent dans les pores des corps terrestres », Les Météores, *p. 258.*

voltigeantes par l'air, nommées des espèces intentionnelles, qui travaillent tant l'imagination des philosophes. » Pourtant, en fin de compte, dans *Les Météores*, il reprend, sous une autre forme, la représentation abdéritaine. Il affirme que la lumière est «l'action ou le mouvement d'une certaine matière fort subtile, dont il faut imaginer les parties ainsi que de petites boules qui roulent dans les pores des corps terrestres» (dans les pores et non dans le vide, dont Descartes a horreur).

Notons ce que cette proposition a d'«hypermoderne». Demandons en effet à un physicien

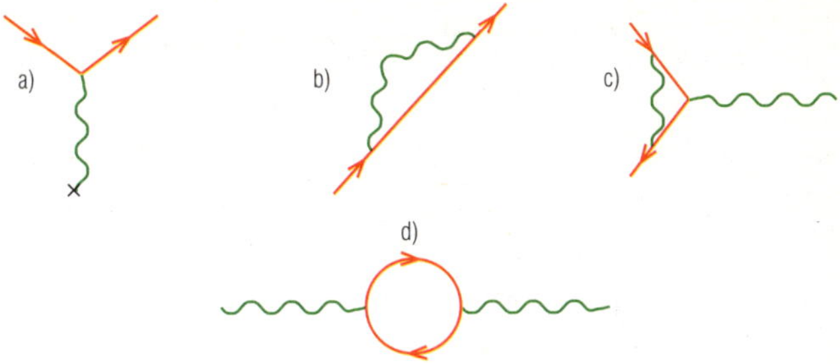

Processus élémentaires dans l'atome.
(a) Un électron absorbe un quantum provenant d'une source extérieure (x) et change de direction dans l'espace.
(b) Un électron émet un quantum qu'il réabsorbe aussitôt.
(c) Un électron émet un quantum qu'il réabsorbe après avoir fait demi-tour dans le temps.
(d) Un électron apparaît subitement dans le vide, fait marche arrière dans le temps et disparaît, laissant le vide dans son état premier. Entre-temps cependant, en « polarisant » le vide, cet électron a influencé son entourage. Dans la terminologie de Feynman le quantum est un « photon virtuel ». Selon notre conception il est un quantum d'action. Sur ces « diagrammes de Feynman » le trajet du quantum échangé ne comporte pas de flèche, reflétant le fait qu'il est impossible de préciser la direction dans laquelle l'échange se produit.

contemporain : « Qu'est-ce que la lumière ? » Il nous répondra : « La lumière est faite de photons. » Imaginons la suite du dialogue : « Est-ce que les photons tournent sur eux-mêmes ? — Oui, ils sont doués de spin. — De quoi sont faits ces photons ? — Ce sont des grains d'énergie. — Qu'est-ce que l'énergie ? — Euh… c'est une matière fort subtile… »

Le quantum d'action revisité

Dans ce qui suit, je me propose d'utiliser les idées de Bacon et de Descartes que nous venons d'examiner pour représenter, non plus la lumière, mais... l'action. Le but de cette démarche deviendra clair au fur et à mesure de mon exposé.

Je dis d'abord – c'est la théorie générale – que le vide fourmille d'Idées insécables, façon Démocrite, qui «roulent dans les pores des corps terrestres», façon Descartes, tout en se propageant par «multiplication», façon Bacon... Et je dis que ces Idées sont... les quanta d'action de Planck. Je dis ensuite – et c'est la théorie particulière – que le quantum d'action est le médiateur de la force électromagnétique dans l'atome. Pour des raisons qui vont devenir évidentes, j'appelle cette représentation la mécanique du pas (*step mechanics* en anglais) et j'appelle le quantum d'action ainsi défini un *xon* (mot délibérément forgé pour évoquer la Grèce antique tout en ayant une consonance résolument moderne).

Remarquons d'emblée, avant d'aller plus loin, ce que cette conception a d'attrayant : n'est-il pas naturel de supposer que les électrons, animés de mouvement, donc porteurs d'action, puissent échanger cette action entre eux et avec le noyau ? Cette façon de voir nous permet également de comprendre immédiatement pourquoi il est impossible de «quantifier» individuellement le mouvement des électrons dans l'atome : passant continuellement de l'un à l'autre, l'action n'est conservée, donc quantifiable, que pour l'ensemble du cortège.

Il y a mieux. Les recherches expérimentales et théoriques très poussées menées depuis plus d'un demi-siècle ont révélé qu'en plus des attractions et répulsions classiques dont nous venons de parler, les électrons dans l'atome sont soumis à des «effets subtils» qu'il est indispensable de prendre en compte si l'on veut aller jusqu'au bout de la description. Or aucune des théories de l'atome que nous avons examinées jusqu'ici n'est en mesure de le faire.

Quelques-uns de ces effets subtils, appelés aussi «processus élémentaires», sont représentés à titre indicatif sur la figure p. 97. Richard Feynman a inventé une méthode de calcul qui permet de les prendre en compte, méthode révolutionnaire à double titre : d'abord parce que, à l'encontre des théories évoquées dans cet ouvrage, elle s'appuie non sur une équation mais plus simplement sur des règles de calcul ; et, deuxièmement, parce que l'outil fondamental qu'elle utilise est… l'action, ce qui la rend immédiatement traduisible dans le langage de la mécanique du pas (et n'est pas pour nous déplaire !).

Pure fantaisie que tout cela, direz-vous peut-être. Non. Les calculs qui prennent en compte les effets subtils dans l'atome demandent des prodiges d'ingéniosité mais ils sont nécessaires si l'on veut obtenir des résultats en accord avec ceux, très précis, de l'expérience.

Le quantum d'action

Selon Démocrite, les Idées insécables
voltigent en tous sens et ce mouvement primordial
est le seul et unique mouvement.
SIMPLICIUS, *Commentaire sur la physique d'Aristote.*

A relire aujourd'hui le *Traité de chimie* de Lavoisier – rédigé il y a deux siècles ! –, on y remarque aussitôt le rôle essentiel que son auteur attribue dans la constitution des corps à ce qu'il appelle le calorique. Constatant que tous les corps de la nature sont « solides ou liquides ou dans l'état élastique et aériforme (gazeux) » suivant le degré de chaleur auquel ils sont exposés, Lavoisier suggère qu'il est difficile de concevoir ces phénomènes « sans admettre qu'ils sont l'effet d'une substance réelle et matérielle, d'un fluide très subtil qui s'insinue à travers les molécules de tous les corps » et les écarte. Nous donnant une leçon de prudente sagesse, il ajoute toutefois que « nous ne sommes pas obligés de supposer que le calorique soit une matière réelle ; [on peut] en envisager les effets d'une manière abstraite et mathématique».

Au fil des pages, nous avons fait du quantum d'action l'acteur principal des interactions dans l'atome et nous lui avons donné l'habit d'une Idée de Démocrite, retrouvant en somme certains aspects de la pensée de Lavoisier. Mais s'agit-il là d'une simple manière de voir – différente en apparence seulement du point de vue habituel de la mécanique quantique ? Ou bien s'agit-il d'une nouveauté peut-être fondamentale entraînant des conséquences vérifiables ? Essayons, pour commencer, de comprendre ce qui, en termes «modernes», rend «insécable» notre quantum d'action.

Insécable, pourquoi ?

Désireux d'améliorer son hypothèse, Max Planck publie en 1906 ses *Leçons sur le rayonnement thermique*. Il y définit ce qu'il appelle «un domaine élémentaire de probabilité» et explique qu'en raison du théorème de Liouville, tout domaine de probabilité, considéré un instant quelconque, «est un invariant par rapport au temps». Puis il écrit : «L'hypothèse des quanta d'action consiste à supposer que ces domaines, tous égaux entre eux, ne sont plus infiniment petits, mais finis et (égaux) à *h*, *h* étant une constante.»

Ne pouvant tout aborder, je n'expliquerai pas ici en détail ce qu'il faut entendre par «domaine élémentaire de probabilité» et par «théorème de Liouville», mais je montrerai l'usage qui a pu être fait de ces concepts.

Dans son article sur « L'hypothèse des quanta » dont nous avons déjà parlé (*cf.* p. 58), Poincaré, reprenant la question, écrit : « Il faut que je cherche à éclaircir ce que sont les domaines de probabilité. » Intervient alors la phrase clé : « ces domaines sont indivisibles », et il explique pourquoi : « Dès que nous savons que nous sommes dans un de ces domaines, tout est par là déterminé ; sans quoi, si les événements qui doivent suivre [...] devaient différer selon que nous nous trouverions dans telle ou telle partie de ce domaine, c'est que ce domaine ne serait pas indivisible [...] puisque la probabilité de certains événements futurs ne serait pas la même dans ses diverses parties. »

Voici un usage que l'on peut faire de cette brillante analyse de Planck et de Poincaré : le quantum d'action progresse dans le vide en franchissant des « pas », chaque pas étant « un domaine élémentaire de probabilité », à la manière de Liouville-Planck, ce qui le rend indivisible, à la manière de Poincaré. Nous avons ainsi transféré au mouvement l'insécabilité attribuée par Démocrite à ses Idées !

Cette façon de voir entraîne des conséquences intéressantes. Soit l la longueur du pas, d le temps mis pour franchir un pas (sa « durée »), p et E la quantité de mouvement et l'énergie transportées par le quantum. Le pas étant insécable, on aura alors pour chaque pas : $lp = 1$ et $Ed = 1$. Si la vitesse de propagation est v, on aura en outre $l = vd$.

Notons que, d'après ces formules, longueur du pas et quantité de mouvement transportée ont partie liée : plus le pas est long, plus la quantité de mouvement transportée est petite. De même, durée de temps pour franchir un pas et énergie transportée ont partie liée : plus la durée du pas est courte, plus l'énergie transportée est grande. Ces résultats correspondent à ce qu'on appelle en mécanique quantique le «principe d'incertitude».

Serait-il possible d'affirmer que les pas franchis par le quantum d'action dans le vide se font d'une manière que Démocrite et Descartes avec sa boule 1234 n'auraient pas désavouée ?

Le spin revisité

Revenons au problème du spectre. Le mécanisme par lequel l'atome fait un «saut quantique» est régi, nous l'avons vu (*cf.* p. 74), par une mystérieuse « règle de sélection » qui interdit à l'atome de faire n'importe quel saut. Or, cette règle, pour l'essentiel, a quelque chose de simple : seuls sont «permis» les sauts dans lesquels un électron de l'atome voit son nombre quantique *l* changer d'une unité. Cette règle s'explique à merveille si l'on tient compte du fait que le quantum d'action tourne ou «tourbillonne» sur lui-même et possède un spin : lorsque l'atome émet (ou absorbe) un quantum d'action, le quantum emporte (ou apporte) avec lui, de par son spin, une unité d'action de rotation obligeant le *l* de l'atome, qui mesure une rotation, à changer d'une unité. D'où la fameuse règle de sélection.

L'existence du spin entraîne un feu d'artifice de conséquences diverses. Étonnons-nous tout d'abord du fait lui-même : le quantum d'action est une particule qui «tourbillonne» éternellement sur elle-même dans le vide ! Notons ensuite que le spin, comme le pas, correspond à une unité d'action. Un tour de spin équivaut donc au franchissement d'un pas. Nous retrouvons là l'idée de la «boule qui roule» de Descartes. Il y a mieux encore ! Le spin peut prendre deux valeurs (notées + 1 et – 1) correspondant au fait que le quantum peut tourner sur lui-même «dans le sens des aiguilles d'une montre» ou en sens inverse. Un dernier détail : le spin introduit de façon naturelle la notion de phase dans la description du mouvement, notion indispensable pour la compréhension du phénomène des interférences, comme nous le verrons un peu plus loin.

L'électron, lui aussi, possède un spin, mais sa valeur, nous l'avons vu (*cf.* p. 67), est un demi-entier. Que faut-il en conclure ? Qu'à l'encontre du quantum d'action, il faut à l'électron deux tours de spin pour compléter un pas. Pourquoi cette différence ? Mystère. Les physiciens se contentent de dire que l'électron (comme le neutrino et comme les quarks) est un fermion (particule à spin demi-entier) alors que le médiateur de la force électromagnétique (pour nous, le quantum d'action) est un boson (particule à spin entier). Aucune explication théorique de cette différence n'a encore été trouvée.

Les impulsions en orbe

Le 3 juin 1663, la Royal Society de Londres, nouvellement instituée, admet parmi ses membres un nouveau venu. Il s'appelle Robert Hooke (1635-1703), est âgé de vingt-huit ans et a fait parler de lui depuis plusieurs années par la richesse de son ingéniosité. Deux ans plus tard, Hooke publie sa magnifique *Micrographia*, agrémentée de cinquante-sept dessins gravés sur cuivre par l'auteur, dans laquelle nous pouvons lire cette phrase prémonitoire : «Le mouvement de la lumière se propage en milieu homogène par des impulsions en orbe de force constante et qui agissent perpendiculairement à la direction de propagation.»

Cette phrase nous apprend comment le quantum d'action – cette «impulsion en orbe» – agit sur les électrons qu'il rencontre : il leur fait subir une petite poussée perpendiculairement à sa direction de propagation. C'est l'effet principal (effet mystérieux s'il en est et pour lequel nous n'avons pas l'ombre d'une explication). Je me dois d'ajouter, pour être complet, que le quantum exerce également une «pression» dans la direction de son mouvement. Cette pression est habituellement interprétée comme l'effet «magnétique» (l'effet principal étant l'effet «électrique»). Voici un exemple spectaculaire de ce que l'effet principal entraîne. Un courant électrique traverse un fil conducteur. Le fil s'échauffe. Pourquoi ? Parce qu'il absorbe des quanta qui, venus de tous les points de l'espace, tombent perpendiculairement sur lui, transmettant à angle droit leur « poussée» aux électrons du courant qui parcourt le fil.

Il nous reste à aborder ce que j'appellerai «le mystère fondamental de la mécanique quantique». Dans son ouvrage *La Nature de la physique*, publié en 1965, année où il reçut le prix Nobel, Richard Feynman le définit ainsi : «Je vais vous raconter l'expérience des deux fentes. Elle contient le mystère général, je n'évite rien, je dévoile la nature sous son aspect le plus élégant et le plus difficile. »

Le mystère fondamental

Enoncé dans le langage de la mécanique du pas, ce mystère se résume à ceci : lorsque deux particules de même nature arrivent ensemble sur une cible, elles sont efficaces (c'est-à-dire produisent un effet) si elles arrivent « en phase » l'une avec l'autre, inefficaces (c'est-à-dire ne produisent aucun effet) si elles arrivent « hors phase ». On dit dans ce cas qu'il y a eu « interférence » (mot dérivé du verbe anglais *to interfere*, utilisé pour décrire le pas d'un cheval qui cogne ou « interfère » ses sabots l'un contre l'autre).

Signalons toutefois une difficulté, « la » difficulté : le phénomène se produit même si les particules arrivent isolément (une par une) sur la cible. Comment expliquer dans ce cas que des interférences puissent se produire ? Réponse : au Laboratoire fédéral des États-Unis, à Los Alamos, en 1982, Wojciech Zurech analyse ce qu'il appelle l'« effet de décohérence » selon lequel, lorsque des particules « suffisamment grosses » arrivent sur une cible, les particules de l'environnement – « le rayonnement ambiant, lumineux ou thermique » – empêchent les interférences de se produire.

J'emploierai cet argument... à l'envers. Lorsque les particules qui arrivent sur la cible sont suffisamment petites – des quanta d'action ou des électrons par exemple –, les particules de l'environnement permettent aux interférences de se produire.

Les interférences produisent le principe de moindre action dont nous avons parlé (*cf.* p. 91). Prenons l'exemple de deux électrons échangeant des quanta au sein d'un atome. Si l'on songe qu'un électronvolt correspond à quelque 240 000 milliards de quanta d'action par seconde, avec une énergie interne équivalente à 511 000 eV, chaque électron constitue une réserve quasi inépuisable de quanta à échanger. Mais les quanta interfèrent pour la plupart les uns avec les autres, et donc ne contribuent en rien à l'interaction. Seuls y contribuent effectivement ceux qui suivent des trajectoires leur permettant d'arriver « en phase » ensemble. Il se trouve que ces trajectoires sont celles pour lesquelles l'action est «la moindre». On obtient en fin de compte ce que Feynman appelle l'amplitude du processus considéré, somme totale des contributions de l'ensemble des quanta. Si l'amplitude est nulle, l'interférence est totale et le processus ne produit aucun effet détectable.

Pour Platon, nous l'avons vu (*cf.* p. 20), les «particules élémentaires» sont des triangles, ce qui permet de les assembler pour construire des atomes ayant la forme de polyèdres. Pour la mécanique quantique, aujourd'hui, les particules sont des points ; mais quelques-uns des meilleurs physiciens en cette fin de siècle s'efforcent de mettre au point une théorie qui en ferait des objets unidimensionnels, minuscules, caractérisés par une longueur L et une tension T – objets qu'ils ont baptisés «cordes» (supercordes dans une version de la théorie). Que deviendrait notre quantum d'action si cette théorie devait prévaloir ?

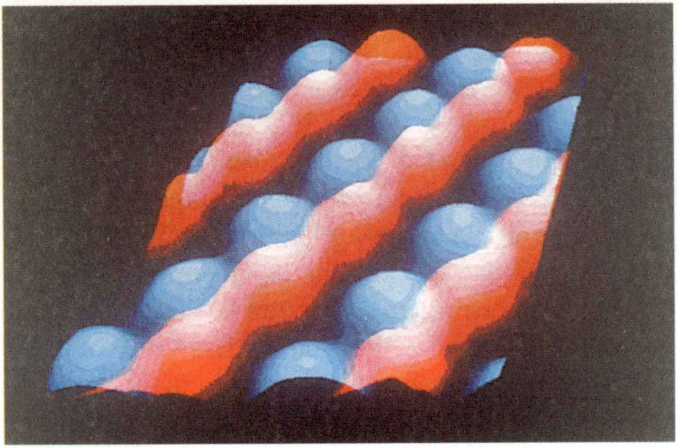

Utilisation de l'effet tunnel pour l'étude de l'atome.
Il s'agit ici d'atomes de gallium et d'arsenic vus au microscope à effet tunnel.
Ph. © IBM France.

Lorsqu'une corde se déplace dans le vide, le parcours qu'elle décrit ressemble à un ruban (à un « tube » si la corde forme une boucle). Pour obtenir l'action, on est donc amené à multiplier la surface du ruban déroulé (qui mesure la « longueur » du trajet dans cette théorie) par la tension de la corde avant de diviser le tout par h – procédure qui revient à diviser la surface du ruban en « pas » élémentaires correspondant à de véritables « empreintes de semelle », ces empreintes devenant les unités d'action de la théorie des cordes. En un mot, si tout cela devait se réaliser, nous aurions un quantum d'action rénové ayant l'allure d'une petite surface, insécable bien entendu, de magnitude L^2.

Voir un atome.
Le rayonnement lumineux émis par un atome de rubidium isolé, piégé au «fond» d'un puits de potentiel créé par des rayons laser.

Une telle théorie, si elle devait aboutir, nous rapprocherait du point de vue premier des Abdéritains, pour lesquels les Idées insécables étaient tout sauf des points ! Qui plus est, outre l'objet lui-même – la corde –, la donnée fondamentale en théorie des cordes est… l'action. Trouver une formule pour l'action correspondant au mouvement d'une corde dans l'espace-temps en est l'un des problèmes principaux.

Perspectives

Selon la mécanique quantique, les rayons émis (ou absorbés) par un atome sont composés de photons dotés, en tant que tels, de deux caractéristiques fondamentales : ils se déplacent à la vitesse de la lumière (égale à 300 000 km.s^{-1} environ) et ils transportent chacun un paquet d'énergie $h\nu$ proportionnel à la fréquence ν du rayon considéré.

Les choses se présentent différemment dans notre représentation. Les rayons sont composés de quanta d'action auxquels ni l'une ni l'autre des deux contraintes citées ci-dessus n'est applicable : les quanta peuvent aller soit moins vite soit plus vite que la lumière et peuvent transporter une énergie soit plus petite soit plus grande que $h\nu$. Y a-t-il une chance concrète de pouvoir trancher entre les deux points de vue, en observant par exemple un quantum allant plus vite que la lumière, et transportant une énergie plus grande que $h\nu$?

Selon notre point de vue, lorsqu'un quantum rencontre sur son chemin un passage étroit – un tunnel – dont la largeur ou le diamètre est du même ordre de grandeur que la longueur de son pas, il « allonge le pas » pour traverser cet obstacle, ce qui a pour effet de le faire émerger de l'autre côté du piège plus tôt que prévu : il traverse donc le tunnel à une vitesse « supraluminique ». Ce phénomène remarquable est connu en mécanique quantique sous le nom d'« effet tunnel ». Au cours des années 90, plusieurs groupes de chercheurs (en particulier d'Anedio Ranfani à Florence, Günter Nimtz à Cologne et Raymond Chiao à Berkeley) l'ont étudié au moyen de techniques très sophistiquées. Ainsi, l'équipe de Cologne a mesuré des vitesses cinq fois supérieures à c !

Le phénomène fascine… et embarrasse les physiciens : c'est qu'ils sont habitués à penser que « rien ne peut aller plus vite que la lumière ». Pour expliquer les vitesses supraluminiques, la mécanique quantique a recours à une représentation du photon qui en fait un «paquet d'ondes», véritable composite... d'éléments individuels ressemblant étrangement à nos quanta d'action ! En un mot, elle utilise *de facto* la représentation décrite ci-dessus.

Un paquet d'ondes embarrassant

Aephraïm Steinberg à Berkeley a étudié de près le comportement d'un paquet d'ondes traversant un tunnel constitué dans ses expériences par une couche mince réfléchissante que seul un quantum sur cent en moyenne parvenait à traverser. Ses conclusions confirment qu'en traversant le tunnel le paquet «voyage plus vite que la lumière», même s'il conclut également qu'«on ne peut pas exploiter cet effet pour transférer de l'énergie à une vitesse moyenne supérieure à celle de la lumière». A quoi cela tient-il ?

Les calculs de Richard Feynman (*cf.* p. 99) montrent que sur de longues distances seuls les quanta qui se déplacent à la vitesse de la lumière parviennent à demeurer en phase les uns avec les autres et sont donc observables (sont «réels» pour les spécialistes). C'est ce qui nous fait dire que la lumière a une vitesse c bien déterminée, toujours la même dans le vide. Mais cette restriction ne s'applique pas sur de courtes distances, à l'échelle interne de l'atome par exemple.

Parviendrons-nous un jour à obtenir d'un atome qu'il nous fournisse des quanta allant plus vite que la lumière et restant en phase les uns avec les autres sur de longues distances ? ou bien sommes-nous confrontés là à une impossibilité fondamentale, partie intégrante du système de la nature, comme le suggère la mécanique quantique ?

La parole est aux experts de l'optique quantique. L'avenir dira ce qu'il en est.

Pour finir...

Par le biais de techniques ultramodernes mises au point au cours des dernières décennies, les physiciens ont réalisé d'étonnants travaux de type artisanal utilisant l'atome. Ainsi, par l'«écriture atomique», les chercheurs du centre IBM à Almaden ont dessiné avec trente-cinq atomes de xénon le sigle de leur compagnie sur une surface de nickel ; ont créé un «corral quantique» composé de quarante-huit atomes de fer positionnés sur une surface de cuivre ; ont construit un «volcan» de sept atomes de xénon déposés sur une surface de platine... et ont accompli bien d'autres merveilles.

Oui, l'atome, avec ses mystères, est bien, comme nous l'avons dit dès la première page de ce livre, l'une des Sept Merveilles du monde : mystérieux, suspendu, creux, insolite, dominateur, froid, voyant... Voyant ? «Dessine-moi un atome», aurait pu demander le petit prince. Mais qui a jamais vu un atome ?

Les physiciens de l'École normale supérieure à Paris, parmi d'autres, ont vu un atome ! Quoi de plus approprié pour terminer ce livre que d'imaginer à notre tour l'atome que ces physiciens ont vu, point minuscule, perdu au milieu de la page...

Issirac, mars 1997.

Annexes

Poincaré et l'invention du quantum d'action

Pendant la dernière décennie du XIXe siècle, Henri Poincaré invente des méthodes nouvelles pour l'étude du mouvement, qui régénèrent profondément le sujet. Il les expose dans son grand traité *Les Méthodes nouvelles de la mécanique céleste,* publié en trois volumes en 1892, 1893 et 1899. L'une d'entre elles est à l'origine de notre théorie moderne du chaos. Une autre établit les bases de la théorie du quantum d'action, selon le schéma suivant.

Soit un système dynamique possédant n degrés de liberté et soit q_i les coordonnées généralisées de ce système, p_i les moments correspondants. Par un acte d'imagination qui n'aurait sans doute pas déplu à Platon, on peut représenter ce système par un point évoluant dans un espace cartésien imaginaire à $2n$ dimensions formé des coordonnées $q_1 \ldots q_n$, $p_1 \ldots p_n$ et appelé *extension en phase* du système considéré (extension d'une méthode inventée par Lagrange).

Les transformations des coordonnées généralisées appelées « transformations canoniques » ont la propriété de conserver la forme des équations hamiltoniennes qui régissent l'évolution du système. La question se pose alors de savoir s'il existe d'autres expressions invariantes sous ces transformations. Les « invariants intégraux» découverts par Poincaré et décrits dans son traité constituent un système d'expressions de ce genre.

Poincaré s'intéresse à l'élément de surface $dq_i dp_i$ dans l'extension en phase (cet élément, notons-le, a les dimensions d'une action) et démontre que l'intégrale $\iint \Sigma dq_i dp_i$ évaluée sur toute surface bidimensionnelle arbitrairement choisie dans l'extension en phase est un invariant intégral du système considéré, dans le sens indiqué ci-dessus. Partant de ce remarquable théorème, il retrouve au passage un résultat précédemment obtenu par Joseph Liouville (1809-1882), selon lequel la densité de points dans le voisinage d'un point donné dans l'extension en phase est constante dans le temps (théorème de Liouville).

Ces travaux fondateurs de Poincaré placent l'élément d'action infinitésimal $dq_i dp_i$ au cœur de la théorie et suggèrent de le considérer comme constituant un domaine élémentaire de probabilité – le mot «probabilité» intervenant ici pour refléter le fait que le domaine en question concerne la représentation d'un système dont tous les états possibles sont considérés comme également probables, hypothèse fondamentale de la thermodynamique classique.

La théorie du quantum élémentaire d'action élaborée par Planck en 1900 postule que «les domaines élémentaires de probabilité, tous égaux entre eux, ne sont pas infiniment petits, mais finis, et que l'on a pour chacun d'eux $\iint dq_i dp_i = h$, où h est une constante».

Encore faut-il, pour que cette hypothèse puisse fonctionner, que l'ensemble des points qui composent chaque domaine élémentaire forme un bloc et que ce bloc soit indivisible *du point de vue de la probabilité*. C'est ce que Poincaré, fin connaisseur de ces choses, a exprimé en disant : «Dès que nous savons que nous sommes dans un de ces domaines, tout est par là déterminé ; sans quoi, si les événements qui doivent suivre n'étaient pas de ce fait entièrement connus, s'ils devaient différer selon que nous nous trouverions dans telle ou telle partie de ce domaine [...], ce domaine ne serait pas indivisible du point de vue de la probabilité» et ne pourrait donc pas jouer le rôle qu'on cherche à lui faire jouer. Cette condition fait du domaine de probabilité, donc du quantum d'action, une entité dont l'insécabilité est d'essence fondamentale. C'est ce que nous avons suggéré dans notre texte (*cf* p. 101).

Ce qui est remarquable dans tout cela – et quelque peu déroutant à première vue – est que le quantum d'action ainsi défini l'est dans l'*extension en phase.* Et pourtant, il est devenu pour nous une réalité physique *dans l'espace réel* (pas pour tout le monde, cependant, le lecteur l'aura noté, s'il faut en croire les physiciens qui l'ont relégué au rang de simple « constante universelle » (*cf.* p. 89).

Poincaré a été l'un des premiers à oser affirmer : « Le quantum d'action [...] est un véritable atome », et à tirer de cette affirmation la conclusion qu'il fallait en tirer : si plusieurs points représentatifs constituent un domaine élémentaire insécable dans l'extension en phase, alors les états du système que ces points représentent constituent nécessairement, eux aussi, « un seul et même état » dans le monde réel, constatation qui entraîne cette conséquence : *« Un système physique n'est susceptible que d'un nombre fini d'états distincts ; et il saute d'un de ces états à l'autre sans passer par une série continue d'états intermédiaires. »*

Si ces profondes réflexions de Poincaré sont quelque peu tombées dans l'oubli, c'est en partie pour la raison suivante : elles ne prenaient pas en compte l'invariance du type exigé par la théorie de la relativité que Poincaré, en 1899, n'avait pas encore élucidée. Le quantum d'action n'en a pas moins survécu à ce décalage.

Les Anciens n'ont pas été les seuls à rechercher dans un mélange d'observation et de raisonnement abstrait la clé des portes de la Nature.

Glossaire

Ambre jaune : de l'arabe *al-anbar*, résine fossile provenant de conifères qui poussaient sur l'emplacement actuel de la mer Baltique à l'époque de la deuxième période de l'ère tertiaire (oligocène) ; appelé aussi succin.

Antimatière : à chaque particule de matière correspond une particule d'antimatière ayant les mêmes caractéristiques (même masse et même spin) mais de charge opposée. Dans l'interprétation proposée par le physicien Richard Feynman et reprise dans le présent ouvrage, une antiparticule est une particule ordinaire ayant fait demi-tour dans le temps (en train de remonter le temps).

Cathode : du grec *kata*, « en bas », et *hodos*, « chemin ». Électrode qui dans un tube à vide est la source d'où émanent les électrons (par opposition à *anode*, électrode chargée positivement vers laquelle les électrons se dirigent).

Corde : selon une conception théorique non encore prouvée, les particules élémentaires ressembleraient à de minuscules «cordes» unidimensionnelles plutôt qu'à des «points» comme on le suppose généralement. Selon certains, cette théorie et son extension, la théorie des supercordes, présagent la physique du XXIe siècle.

Cosmogonie : du grec *kosmos*, «univers», et *gonos*, «génération», la cosmogonie est la science de la formation des corps composants l'univers.

Doxographie : au sens étroit, catalogue dans lequel certaines opinions des anciens sont consignées. Dans un sens plus large, il s'agit d'un écrit ou traité dans lequel un philosophe expose la pensée de ses prédécesseurs, soit pour en tirer parti, soit pour la réfuter... Aristote utilise systématiquement la doxographie dans ses écrits.

Effet Compton : collision d'une particule de lumière avec un électron au cours de laquelle la particule de lumière cède à l'électron une partie de la quantité de mouvement qu'elle transporte.
Électron : particules élémentaires légères, constituants essentiels de l'atome, les électrons forment avec leurs associés, les neutrinos, une famille de six membres, dits leptons, qui fait pendant à la famille des quarks (voir ce mot), composée elle aussi de six membres.
Électronvolt : énergie que gagne un électron lorsqu'il est accéléré par une différence de potentiel de 1 volt (noté 1 eV). L'énergie interne d'un électron au repos est d'environ 511 000 eV.

Ion : atome qui a gagné (ou perdu) un ou plusieurs électrons (en plus ou en moins du nombre d'électrons qui normalement le composent). Ainsi l'ion de l'atome de chlore, désigné Cl^-, possède un électron en plus et l'ion de l'atome de sodium, désigné Na^+, un électron en moins que l'atome neutre correspondant.

Magnéton : certains physiciens ont un moment cru pouvoir expliquer la structure de l'atome en faisant appel à un hypothétique « aimant élémentaire », ou magnéton, supposé être un constituant universel de la matière (au même titre que l'électron). En supposant *n* magnétons de longueur *a* placés bout à bout dans l'atome, un électron placé à la distance 2*a* des magnétons gravite dans le champ magnétique dû aux pôles extrêmes avec une fréquence proportionnelle à $1/2^2$ -$(2 + n)^2$, en accord avec la formule de Balmer. Aujourd'hui oubliée, cette théorie a connu son moment de gloire.

Neutrino : véritable « électron ayant perdu sa charge », le neutrino est l'agent de la transmutation, interaction au cours de laquelle un quark *d* est transformé en quark *u*, le neutrino devenant lui-même un électron. Le soleil bombarde continuellement la terre d'un flux de neutrinos dont l'immense majorité la traverse comme si elle n'existait pas, tant est faible leur propension à interagir.

Positron : antiélectron, c'est-à-dire électron constitué d'antimatière (voir ce mot).

Quark : confinés à l'intérieur des noyaux atomiques, les quarks, constituants essentiels de la matière lourde, forment une famille de six membres, qui fait pendant à celle des leptons (voir électron).

Raie : en spectroscopie, image de la fente du spectrographe produite par un rayon lumineux sur la plaque photographique utilisée pour enregistrer le spectre.

Spectre : en latin *spectrum*, mot inventé par Newton pour désigner l'image colorée produite sur un écran par la lumière après son passage à travers un prisme.

Spin : décrits comme des «points» en mécanique quantique, les particules élémentaires sont néanmoins douées d'une rotation interne, baptisée «spin». Le spin peut également s'interpréter comme mesurant le nombre de «tours de roue» nécessaires pour compléter un pas lors du mouvement d'une particule.

Valence : se réfère au nombre d'atomes auquel un atome donné est lié au sein d'une molécule. L'atome de carbone est tétravalent (à valence 4) dans la molécule CH_4, l'atome d'azote trivalent dans NH_3, l'atome d'oxygène bivalent dans H_2O. L'atome d'hydrogène est monovalent dans tous les cas.

Bibliographie

Textes classiques

ARISTOTE, *La Métaphysique*, Pocket, coll. « Agora », 1992.

LAVOISIER, A. L. de, *Traité élémentaire de chimie* (1789), Gabay, 1992.

PERRIN, J., *Les Atomes* (1913), Flammarion, coll. « Champs », 1991.

Les Atomes, une anthologie historique, Pocket, coll. « Agora », 1991.

Démocrite et l'atomisme ancien : fragments et témoignages, Pocket, coll. « Agora », 1993.

Et aussi, en français

BOHR, N., *La Théorie atomique et la description des phénomènes* (1932), Gabay, coll. « Les Grands Classiques Gauthier-Villars », 1993.

FEYNMAN, R., *Lumière et Matière : une étrange histoire*, Le Seuil, coll. « Points/Sciences », 1992.

KLEIN, É., *Sous l'atome les particules*, Flammarion, coll. « Dominos », 1993.

LEDERMAN, L., *Une sacrée particule*, Odile Jacob, coll. « Sciences », 1996.

LOCHAK, G., *Louis de Broglie, un prince de la science*, Flammarion, coll. « Champs », 1992.

PULLMAN, B., *L'Atome dans l'histoire de la pensée humaine*, Fayard, coll. « Le Temps des sciences », 1995.

En anglais

BAEYER, H. C. von, *Taming the Atom*, Random House, 1992.

PAIS, A., *Niels Bohr's Times*, Clarendon Press, 1991.

Références des citations

p. 14 : ARISTOTE, *La Métaphysique*, A-VI, Pocket, coll. « Agora », 1991, p. 62.

p. 14 : ARISTOTE, *ibid.*, A-IV, p. 56.

p. 15 : SAINT ÉPIPHANE, *Contre les hérésies*, III-2, 9.

p. 18 : PLATON, *Timée*, 31b-33a, 52c-53c.

p. 20 : SAINT THOMAS, cité dans J. de Tonquédec, *Questions de cosmologie et de physique chez Aristote et Saint Thomas*, Vrin, 1950, p. 10.

p. 21 : GASSENDI, P., *Syntagma philosophicum*, cité dans B. Pullman, *L'Atome*, Fayard, coll. « Le Temps des sciences », 1995, p. 155.

p. 22 : NEWTON, I., *Opticks*, 1704, Query XXXI.

p. 23 : LAVOISIER, A. L., *Traité élémentaire de chimie* (1789), réimpression Jacques Gabay, 1992, p. xvij.

p. 24 : DALTON, J., *A New System of Chemical Philosophy*, 1808, vol. 1, part I, chap. III.

p. 26 : DUMAS, J.-B., *Leçons de philosophie chimique*, Septième leçon, 1836, rééd. Culture et Philosophie, Bruxelles, 1972.

p. 26 : AVOGADRO, A., *Journal de physique, de chimie et d'histoire naturelle*, 73, 1811, pp. 58-76.

p. 27 : *Comptes rendus des séances du congrès international des chimistes réuni à Carlsruhe*, 1860, cité dans M. J. Nye, *The Question of the Atom*, Tomash, Los Angeles, 1983, pp. 633-650.

pp. 28-30 : PERRIN, J., *Les Atomes* (1913), Flammarion, coll. « Champs », 1991, pp. 69-74 et p. 84.

p. 38 : *ibid.*, p. 234.

pp. 39-40 : *ibid.*, pp. 243-244.

p. 43 : DESCARTES, R., *Principes de la philosophie* (1647), II-36, Vrin, 1996, IX, p. 83.

p. 44 : MAUPERTUIS, P. L. M. de, *Mémoire lu à l'Académie royale des sciences de Paris* (1714), reproduit dans É. Callot, *Maupertuis, le*

savant et le philosophe, Marcel Rivière, coll. « Bibliothèque philosophique », 1964, p. 64.
p. 45 : PLANCK, M., cité dans G. Lochak, *Louis de Broglie*, Flammarion, coll. « Champs », 1992, p. 55.
p. 45 : PLANCK, M., *Autobiographie scientifique* (1945), Flammarion, coll. « Champs », 1991, p. 85.
p. 45 : PLANCK, M., *Initiations à la physique* (1934), Flammarion, coll. « Champs », 1993, pp. 70-74.
p. 45 : PLANCK, M., *Autobiographie scientifique*, *op. cit.*, p. 92.
p. 46 : PLANCK, M., *Initiations à la physique*, *op. cit.*, p. 77.
p. 47 : « *Boy, man and genius…* », d'après A. S. Eve, *Nature*, 140, 746, 1937.
p. 48 : RUTHERFORD, E., cité dans L. Lederman, *The God Particle*, Delta, New York, 1994, p. 153.
p. 51 : DESCARTES, R., *Les Météores*, 1647, VIII-255, Vrin, 1996, VI, p. 330.
p. 53 : BALMER, J., cité dans A. Hagenbach, *Naturw.*, vol. 9, 1921, p. 451.
p. 57 : POINCARÉ, H., *Dernières Pensées*, Flammarion, coll. « Bibliothèque de philosophie scientifique », 1917, pp. 201-203.
p. 58 : *ibid.*, p. 185
p. 59 : BOHR, N., *Collected Works*, North-Holland, 1972, cité dans *Physics Today*, vol. 38, n° 10, 1985, p. 33.
p. 61 : PULLMAN, B., *L'Atome*, *op. cit.*, p. 328.
p. 61 : BOHR, N., cité dans A. Pais, *Niels Bohr's Times*, Oxford University Press, 1991, p. 181.
p. 62 : THOMSON, J. J., *La Théorie atomique*, Gauthier-Villars, 1919, p. 19.
p. 67 : PAULI, W., *Collected Works*, Interscience, 1964, cité dans A. Pais, *Niels Bohr's Times*, *op. cit.*, p. 200.
p. 68 : KRONIG, R. de L., lettre à H. A. Kramers, 6 mars 1926, cité dans N. Bohr, *Collected Works*, *op. cit.*, vol. 5, p. 233.
p. 68 : KRONIG, R. de L., lettre à N. Bohr, 8 avril 1926, cité dans N. Bohr, *Collected Works*, *op. cit.*, vol. 5, p. 236.
p. 68 : UHLENBECK, G. E., *Physics Today*, 29, juin 1976, p. 45.
pp. 68-69 : BROGLIE, L. de, cité dans G. Lochak, *Louis de Broglie*, *op. cit.*, pp. 83 et 86.

p. 70 : SCHRÖDINGER, E., cité dans A. Pais, *Niels Bohr's Times*, *op. cit.*, p. 282.
p. 73 : FEYNMAN, R., *La Nature de la physique*, Le Seuil, coll. « Sciences », 1980, pp. 245 et 258.
p. 73 : FRANCK, J., lettre à N. Bohr, 21 février 1922, cité dans A. Pais, *Niels Bohr's Times*, *op. cit.*, p. 205.
p. 73 : KRAMERS, H., *Fysisk Tidsskr.* 33, 82, 1935, cité dans A. Pais, *Niels Bohr's Times*, *op. cit.*, p. 205.
p. 83 : DÉMOCRITE, d'après Stobée, *Florilège*, IV, 10, 28.
p. 84 : ARISTOTE, *La Physique,* II, ch. VIII-8.
p. 85 : BROGLIE, L. de, cité dans B. Pullman, *L'Atome*, *op. cit.*, p. 341.
p. 86 : LEDERMAN, L., *The God Particle*, *op. cit.*, p. 141.
p. 88 : EINSTEIN, A., *Annalen der Physik*, 17, 1905, p. 32.
p. 88 : STARK, J., *Phys. Zeitschr.*, 10, 902, 1909, cité dans A. Pais, *Subtle Is the Lord*, p. 409.
p. 89 : EINSTEIN, A., *Lettre à Sommerfeld*, 29 septembre 1909, cité dans A. Pais, *Subtle Is the Lord*, *op. cit.*, p. 403.
p. 89 : GELL-MANN, M., *The Quark and the Jaguar*, Abacus, 1995, p. 202.
p. 89 : SOMMERFELD, *Verh. Ges. Deutsch. Naturf. Ärzte*, 83, 31, 1912.
p. 90 : P. Langevin et M. de Broglie (eds.), *Comptes rendus du premier congrès Solvay*, Gauthier-Villars, 1912, p. 443.
p. 90 : EINSTEIN, A., *Correspondance avec Michele Besso (1903-1955)*, trad. Pierre Speziali, Hermann, coll. « Savoir », 1979, p. 265.
p. 93 : KLEIN, É., *Sous l'atome les particules*, Flammarion, coll. « Dominos », 1993, p. 39.
p. 95 : DESCARTES, R., *La Dioptrique*, 1647, I-5, Vrin, 1996, VI, p. 85.
p. 96 : DESCARTES, R., *Les Météores*, 1647, VIII-257, Vrin, 1996, VI, p. 331.
p. 100 : LAVOISIER, A. L. de, *Traité élémentaire de chimie* (1789), Gabay, 1992, pp. 4 et 5.
p. 101 : PLANCK, M., cité dans H. Poincaré, *Dernières Pensées*, *op. cit.*, p. 184.
p. 102 : POINCARÉ, H., *ibid.*, p. 185.
p. 105 : HOOKE, R., *Micrographia*, J. Martyn, Londres, 1665.
p. 106 : FEYNMAN, R., *La Nature de la physique*, *op. cit.*, p. 155.
p. 111 : STEINBERG, A. M., *La Recherche*, 281, 1995, p. 46.

Index

(Les pages en *italique* renvoient aux illustrations)

Dans la même collection

Sciences

n° 6 - *Vivre avec les insectes* de Pierre Ferron
n° 10 - *La Relativité* de Nayla Farouki
n° 12 - *Système Terre* d'Ichtiaque Rasool
n° 13 - *Sous l'atome les particules* d'Étienne Klein
n° 21 - *Le Système solaire* de Thérèse Encrenaz
n° 23 - *La Vie dans le Cosmos* de François Raulin
n° 24 - *La Forêt* d'Yves Birot et Jean-François Lacaze
n° 28 - *Le Climat de la Terre* de Robert Sadourny
n° 31 - *Le Cerveau* de Jacques-Michel Robert
n° 33 - *Les Océans* de Jean-François Minster
n° 34 - *La Pollution atmosphérique* de Gérard Mouvier
n° 37 - *Les Hommes et leurs gènes* d'Albert Jacquard
n° 43 - *La Physique et l'Infini* de Jean-Pierre Luminet et Marc Lachièze-Rey
n° 49 - *La Chimie nouvelle* de Pierre Laszlo
n° 51 - *L'Eau* de Ghislain de Marsily
n° 52 - *Le Temps* d'Étienne Klein
n° 54 - *L'Univers* d'Alain Blanchard
n° 58 - *Deux Hémisphères, Un Cerveau* de Jean-Louis Juan de Mendoza
n° 59 - *Le Vieillissement, faits et théories* de Ladislas Robert
n° 66 - *Les Drogues* de Denis Richard
n° 68 - *La Logique* de Gilles Dowek
n° 73 - *Le Chaos* d'Ivar Ekeland
n° 76 - *Érosion et Paysages naturels* de Jean Riser
n° 82 - *Les Sciences cognitives* de Jean-Gabriel Ganascia
n° 89 - *L'Espace-Temps* de Jean-Paul Auffray
n° 91 - *L'Énergie* de Jean-Louis Bobin
n° 97 - *La Pollution des mers* de Jean-Claude Lacaze
n° 99 - *La Physique quantique* d'Etienne Klein
n° 102 - *Le Génie génétique, de l'animal à l'homme* ? De Louis-Marie Houdebine
n° 103 - *La Radioativité* de Jean-Marc Cavedon
n° 107 - *La Végétation et l'Atmosphère* de Bernard Saugier
n° 110 - *Le Noyau de la terre* de Jean-Paul Poirier
n° 111 - *L'Antimatière* de Gabriel Chardin
n° 114 - *Le Génome humain* de Charles Auffray
n° 118 - *La Biosphère* de Michel Lamy
n° 123 - *Bactéries, Virus et Champignons* de Laurence et Xavier Rolland
n° 125 - *L'Antarctique* de Claude Lorius et Roger Gendrin
n° 130 - *L'Infini en mathématiques* de Norbert Verdier

Médecine

n° 5 - *L'Insomnie* de Jean-Michel Gaillard
n° 9 - *La Procréation médicalisée* de Jacques Testart
n° 15 - *La Bioéthique* de Jean Bernard
n° 19 - *Les Greffes d'organes* de Laurent Degos
n° 31 - *Le Cerveau* de Jacques-Michel Robert
n° 38 - *La Peau et son vieillissement* de Philippe Franceschini
n° 39 - *La Douleur* de Marc Schwob
n° 40 - *Le Sida* de Raymond Daudel et Luc Montagnier
n° 44 - *Alimentation et Santé* de Christian Rémésy
n° 47 - *La Ménopause* de Lucien Chaby
n° 53 - *Anorexie, Boulimie, Obésité* de Gérard Apfeldorfer
n° 56 - *Les Allergies* de Jean Bousquet et François-Bernard Michel
n° 59 - *Le Vieillissement, faits et théories* de Ladislas Robert
n° 63 - *Le Sang* de Jean Bernard
n° 64 - *La Maladie mentale, recherches et théories* de Christian Spadone
n° 66 - *Les Drogues* de Denis Richard
n° 67 - *La Schizophrénie* de Nicolas Georgieff
n° 74 - *La Chirurgie esthétique* de Vladimir Mitz
n° 75 - *Le Généraliste et son Patient* de Monique Guérin
n° 81 - *La Responsabilité médicale* de Guy Nicolas
n° 84 - *La Médecine de demain* de Jean Bernard
n° 88 - *La Sexualité masculine* de Sylvain Mimoun et Lucien Chaby
n° 113 - *Les bonnes Calories* de Christian Rémésy
n° 117 - *Le Médicament* de Denis Richard et Jean-Louis Senon
n° 123 - *Bactéries, Virus et Champignons* de Laurence et Xavier Rolland
n° 124 - *L'Adolescente et son corps* de Lucien Chaby
n° 127 - *Le Système immunitaire* de Louis Perrin
n° 131 - *La Prévention des cancers* de Maurice Tubiana

Techniques

n° 1 - *L'Espace pour l'homme* de Pierre Léna
n° 4 - *L'Intelligence artificielle* de Jean-Gabriel Ganascia
n° 32 - *Les Réalités virtuelles* de Claude Cadoz
n° 45 - *Musiques, Médias et Technologies* de Michel Chion
n° 46 - *La Puce et l'Ordinateur* de Emmanuel Rosencher
n° 50 - *Le Multimédia* de Dominique Monet
n° 65 - *La Gestion des déchets* de Philippe Pichat
n° 82 - *Les Sciences cognitives* de Jean-Gabriel Ganascia
n° 132 - *Des Autoroutes de l'information au cyberespace* de Serge Fdida

Mais n'oubliez pas, Dominos,
c'est aussi la société, l'éducation,
le droit, la politique...

Ont collaboré à l'ouvrage

Edition : Catherine Cornu
Conception graphique : Daniel Leprince
Mise en pages : Fabe, Nantes
Illustrations couverture et intérieur : Fractale
Recherche iconographique : Marie-France Naslednikov
Corrections : Jean-Pascal Hanss, François Thomas et Isabelle Warolin

Dessin de couverture : Symbole de l'atome de mercure selon Dalton (1808).

Achevé d'imprimer en avril 1997
sur les presses de
l'Imprimerie Hérissey à Évreux
N° d'éditeur : FC 552201
N° d'imprimeur : 76485
Dépôt légal : mai 1997